国家电网有限公司
STATE GRID
CORPORATION OF CHINA

电网调度控制运行安全风险辨识防范手册

（2019 年版）

国家电力调度控制中心　组编

中国电力出版社
CHINA ELECTRIC POWER PRESS

图书在版编目（CIP）数据

电网调度控制运行安全风险辨识防范手册：2019 年版 / 国家电力调度控制中心组编．—北京：
中国电力出版社，2020.1（2020.5 重印）
ISBN 978-7-5198-4284-0

Ⅰ．①电… Ⅱ．①国… Ⅲ．①电力系统调度–安全管理–中国–手册 Ⅳ．①TM73–62

中国版本图书馆 CIP 数据核字（2020）第 023320 号

出版发行：中国电力出版社
地　　址：北京市东城区北京站西街 19 号
邮政编码：100005
网　　址：http://www.cepp.sgcc.com.cn
责任编辑：陈　倩（010-63412512）
责任校对：黄　蓓　闫秀英
装帧设计：张俊霞
责任印制：石　雷

印　　刷：三河市百盛印装有限公司
版　　次：2020 年 3 月第一版
印　　次：2020 年 5 月北京第二次印刷
开　　本：787 毫米×1092 毫米　横 16 开本
印　　张：7.25
字　　数：196 千字
印　　数：18001 — 21000 册
定　　价：36.00 元

编 委 会

编制与应用说明

本说明介绍了国家电网有限公司《电网调度控制运行安全风险辨识手册（2019年版）》（简称《辨识手册》）的编制目的、内容、特点及应用说明，旨在帮助各级调控机构工作人员更好地理解和应用《辨识手册》，扎实推进电网调控安全风险管理机制建设。

1 编制目的

企业的安全生产中，总是客观存在着人的不安全行为、设备的不安全状态和环境的不安全因素等，这些危险因素暴露在具体的生产活动中就形成了风险，一旦风险失控就可能导致安全事故的发生。风险管理是以工程、系统、企业等为对象，分别实施危险源辨识、风险控制、风险评估、持续改进，从而达到控制风险、预防事故、保障安全的目的。安全管理的实质就是风险管理。

风险管理实施在安全生产的不同环节，分为以下三种情形：第一，损失发生前的风险管理——避免或减少风险事故发生的机会；第二，损失发生中的应急管理——控制风险事故的扩大和蔓延，尽可能减少损失；第三，损失发生后的事故管理——努力使损失恢复到损失前的状态。

国家电网有限公司不断加强电网安全管理，全面推进安全风险管理体系建设工作。调控系统大力强化电网调度控制运行、电网安全、二次设备管理以及电力监控系统网络安全，深入开展安全生产保障能力评估和电网调控安全风险辨识工作，积极推进电网调控安全风险管理工作。

编写《辨识手册》的目的是在国家电网有限公司三型两网建设要求下，进一步完善电网调控安全风险管理工作。旨在帮助电网调控工作人员学习风险知识，认识调控工作风险存在的客观性，提高风险识别能力，实现风险中和风险后的管理向风险辨识与预控前移。

2 《辨识手册》主要内容

《辨识手册》以防止调控人员责任事故、防止大面积停电事故为主线，针对电网调控的工作流程和调控人员的工作行为，分析可能存在的危险因素，提出相应的控制措施，超前防范事故的发生，保障调控工作安全，保障电网安全运行。

《辨识手册》主要由辨识项目、辨识内容、辨识要点、典型控制措施和案例组成。其中，辨识项目是可能发生事故的电网调控工作流程或调控人员业务工作；辨识内容是可能导致事故发生的危险因素以及后果责任；典型控制措施是针对安全风险提出常规控制措施，消除风险导致的不良后果；辨识要点是提示调控工作人员在调控工作过程中开展辨识的时机和环节，也是典型控制措施的提炼；事件案例与辨识内容紧密相关，可帮助理解和记忆。

《辨识手册》内容包括综合安全、调度控制、调度计划、系统运行、水电及新能源、继电保护、自动化、电力监控系统安全防护、设备监控管理、配网抢修指挥、通信管理等专业。

3 《辨识手册》特点

《辨识手册》是电网调控安全生产实践的总结和提炼，是电网调控系统安全生产保障能力评估和电网调控分析制度等在调控生产运行具体环节和具体工作中的反映，可直接应用于调控工作具体流程和业务中的安全风险辨识和控制。

（1）丰富了风险管理的内容。安全管理包括风险管理、应急管理和事故管理三个过程。其中，风险管理包括风险识别、风险评估、风险控制、控制实施 4 个环节。《辨识手册》用以培训指导调控机构工作人员，帮助大家了解调控各专业安全管理和安全控制状况，从而学会识别风险、评估风险、控制风险。

（2）将安全管理的关口前移。《辨识手册》适应风险管理的新要求，从风险辨识的角度，试图由事故管理向风险管理转变、由事后整改向事前预防转变、由强制执行向自主控制转变，实现事前控制，将安全关口前移。安全性评价从风险评估的角度，试图以更加全面的安全检查手段，发现调控运行工作中存在的问题，通过"评估—整改—改进—再评估"，不断总结提高。

（3）以调控系统工作人员为生产安全控制的主体。在一定的安全工作条件下，工作人员凭借已经掌握的安全知识和工作标准，制定一个工作方案或完成一项操作，工作人员是安全控制的主体，《辨识手册》从事故致因的角度出发，帮助主体——工作人员做好安全教育和安全生产过程中危险因素的辨识控制工作。

4 《辨识手册》应用

安全教育培训。可用于新上岗人员培训、在岗生产人员培训，帮助员工学习风险知识，认识作业安全风险的客观性，提高作业技能，也可用于管理人员的培训。

辨识与控制风险作用。帮助员工了解风险的危害，学会辨识方法，掌握控制措施。

标准化安全监督检查作用。可用于检查员工的作业是否存在风险以及控制风险的过程。

深化事故分析作用。可用于专业和班组开展异常、障碍、不安全现象的分析活动。

5 应用中注意的问题

《辨识手册》以防止调控人员责任事故为主线，重点是保电网安全，保人身、保设备和信息安全的相关内容较少。

《辨识手册》的内容按专业划分编排。调控机构大的工作流程，如检修工作申请批复，按照各专业承担的不同环节，编排在各专业部分。

《辨识手册》中的典型控制措施，只列举为消除风险应采取的控制措施、应做的工作，一般不再列举工作具体方案或工作应达到的技术标准。

《辨识手册》的使用，在实质内容上，要与安全性评价、危险点分析预控等工作有机融合，并不断深化和发展；在形式上，要与以往行之有效的安全大检查、安全监督等常规管理工作有机结合，不应"另起炉灶"。

目　　录

编制与应用说明

电网调度控制运行安全风险辨识防范手册

序号	辨识项目	辨 识 内 容	辨识要点	典型控制措施	案例
1	**综合安全**				
1.1	**安全管理体系**				
1.1.1	安全责任体系及安全目标	未健全或未严格落实各级、各类人员安全生产责任制，导致"四全"安全管理不到位；未制定不发生六级及以上人身事件及有人员责任的六级及以上电网、设备事件目标	建立安全生产责任制及落实、考核情况	1. 制定符合上级规定和本电网实际的中心、专业处室（班组）、岗位各级、各类人员安全生产责任制。 2. 定期考核奖惩制度执行情况。 3. 按照要求制定明确的电网调度安全生产目标。 4. 按照要求编制并落实安全责任清单	
1.1.2	安全保障体系	未建立有系统、分层次的安全生产保障体系，安全保障不力，导致安全隐患	建立安全保障机制及配套制度	建立中心、专业处室（班组）两级安全保障体系，责任到人，措施到位	
1.1.3	安全监督体系	未建立有系统、分层次的安全生产网络体系，安全监督网络未发挥应有作用，监督网络不健全，导致调度安全风险防控失去监督	建立安全监督机制、日常监督工作开展情况	1. 调控机构内部建立中心、专业处室（班组）两级安全监督体系，明确两级安全监督的责任；调控机构设置专职的安全员；各专业处室（班组）设置兼职的安全员。 2. 建立所辖电网调度系统安全监督网络并定期组织安全监督网络活动。 3. 根据人员变动，及时调整安全监督网络成员	
1.1.4		安全监督网络成员履行安全监督职责不到位	日常监督工作开展情况	1. 落实安全监督网络成员的安全职责，职责包括安全监督工作的范围、任务和要求。 2. 定期参加安全监督网络活动。 3. 加强安全监督网络成员的安全培训，提高安全监督工作能力	
1.2	**风险管控**				
1.2.1	电网调度安全分析	未按照电网调度安全分析制度开展相应的工作，导致安全风险不能提前辨识、防范	电网安全分析制度的落实	1. 认真落实电网调度安全分析制度。 2. 结合实际，持之以恒地开展工作	

序号	辨识项目	辨 识 内 容	辨识要点	典型控制措施	案例
1.2.2	电网调度控制运行分析	未按照电网调度控制运行分析制度开展相应的工作,导致调度运行存在的问题和隐患不能提前辨识、防范	对电网调度控制运行情况的分析	1. 结合实际开展电网调度控制运行分析。 2. 根据分析结论落实改进	
1.2.3	电网二次设备分析	未按照电网二次设备分析制度开展相应的工作,导致二次设备(运行风险不能提前辨识、防范	对电网二次设备运行情况的分析	1. 结合实际开展电网二次设备运行分析。 2. 根据分析结论制定措施并落实改进	
1.2.4	规程和规章制度修订	未按规定及时制定、滚动修编规程和规章制度,导致调度安全生产隐患	修编规程和规章制度	1. 按上级主管部门要求或根据电网运行需要,及时制定或修订各种运行规程。 2. 及时制定或修订保障生产运行的各种规章制度、规定、规范、流程	
1.2.5	安全生产措施	未针对电网存在安全风险和危险点,制定并落实各项安全生产措施,导致电网异常和事故发生	措施制定及执行情况	1. 针对电网存在安全风险和危险点,制定切实可行、详实、合理的措施、计划。 2. 严格执行措施、计划	
1.2.6	电网安全隐患排查治理	未能及时开展电网安全隐患排查治理,导致安全事故发生	实施隐患排查治理工作闭环管理	1. 针对季节性特点应定期对电网安全隐患进行排查,及时提出具体整改措施。 2. 对隐患整改方案的实施过程进行监督,对整改结果进行分析、评估,实现安全隐患排查的闭环控制。 3. 制定设备隐患台账,制定隐患整改计划,限期消除安全隐患,对暂不能消除的安全隐患制定临时应对方案	
1.2.7	电网安全风险评估和危险点分析	未能及时开展电网安全风险评估和危险点分析,导致电网事故发生	及时开展电网安全风险评估和危险点分析工作	1. 调控机构建立风险评估和危险点分析的常态机制。 2. 实行年度、月度、节假日及特殊保电时期电网运行风险评估和危险点分析制度,提出控制要点,落实控制措施。 3. 根据电网检修、设备改造、异常处理等方式调整,开展电网风险评估和危险点分析,并制定事故处理预案	

序号	辨识项目	辨识内容	辨识要点	典型控制措施	案例
1.2.8	调度系统安全生产保障能力评估	未能定期开展调度系统安全生产保障能力评估，导致电网安全事故处置不当	定期开展调度系统安全生产保障能力评估	1. 调控机构应建立定期开展调度系统安全生产保障能力自评估的常态机制。 2. 定期开展安全生产保障能力自评估，提出整改要点，实现电网调度控制运行风险的可控、在控	
1.3	**流程控制**				
1.3.1	调度主要生产业务流程制定	调控机构各项安全生产流程不清晰，各节点的安全责任不明确，工作界面和标准不统一，导致安全生产隐患	按要求开展核心业务流程及标准化作业程序建设	1. 对调度主要生产业务流程进行梳理，微机固化后形成统一的规范。 2. 以流程图和工作标准形式对调度安全生产主要业务描述详细、准确，明确各个节点的工作内容、要求和结果形式等。 3. 生产实践中严格执行流程的规范性与标准化	
1.3.2	调度主要生产业务流程控制	生产业务主要流程节点控制不利，未能实现流程上下环节的核查和相互监督，导致安全生产隐患	加强调控系统内控机制建设工作	1. 对调度主要业务必须建立职责明确、环节清晰、闭环控制的工作流程；定期组织各专业间的沟通交流、强化安全内控机制建设，做到"四个凡是"（凡是核心业务必须建立流程、凡是流程必须上线流转、凡是上线流程必须有审计功能、凡是流程必有事后监督评价）。 2. 各节点履行安全生产责任，在流转中实现流程上下环节的支撑和相互监督	
1.3.3	中心机房工作管理	参加中心机房工作时，不遵守有关安全规程、规定，导致安全生产事故发生	加强现场工作管理	1. 在通信、自动化机房工作，应严格执行《国家电网公司电力安全工作规程（电力通信部分）（试行）》《国家电网公司电力安全工作规程（电力监控部分）（试行）》中工作票要求，不得无票进行工作。 2. 工作票签发人、工作票负责人、工作许可人应严格按规程要求定期参加学习，考试合格，并进行公示。 3. 不得在未做好安全措施的情况下开展工作，执行现场工作管理规定。 4. 不随意触及运行设备，必要时采取可靠的防护隔离措施	

序号	辨识项目	辨识内容	辨识要点	典型控制措施	案例
1.4	**应急管理**				
1.4.1	应急管理机制运转	未建立电网调度应急机制，导致应急处置工作不畅	应急责任人工作职责及联络	1. 按要求建立健全应急组织机构。 2. 按照要求建立应急管理与启动机制。 3. 确保应急工作机制运转正常。 4. 加强应急处置过程中的信息收集与共享，确保信息汇报的时效性和权威性	
1.4.2	应急处置预案体系	未制定或及时修订电网调度应急处置预案，导致应急处置不当	预案的修订及演练	1. 及时制定、滚动修订、发布调度各项预案。 2. 调控机构应定期组织开展预案的应急演练工作。 3. 演练结束后开展评估，对演习过程中暴露的问题，进行修订预案	
1.4.3	电网反事故演习	未定期开展电网（联合）反事故演习，导致调度员应急处置培训不足，在电网事故处理中能力及反应不足	反事故演习的组织开展情况	1. 调控运行专业每月应至少举行一次专业反事故演习。 2. 演习方案设计合理，符合电网当前实际及运行特点。 3. 实行反事故演习分析、总结、整改制度，并形成书面报告	
1.4.4	应急处置环境及相关条件	未建立调度应急指挥中心及相关设施，导致应急保障不力	调度应急指挥中心建设及装备情况	1. 调度应急指挥中心配备齐全的硬件设施。 2. 应急事故处置所需信息、资料完备	
1.5	**分析改进**				
1.5.1	异常和事故分析	未及时进行电网异常和事故分析，未按要求编制分析报告，导致汲取事故教训不力	开展电网异常和事故分析、编制分析报告	1. 组织电网异常和事故专题分析会。 2. 会议记录完整。 3. 编制完整的事故分析报告，下发相关人员深入学习	
1.5.2	反事故措施	未认真落实上级下发的反事故措施，未制定调控机构实施计划，导致电网事故重复发生	措施落实计划及执行情况	1. 制定切实可行的反事故措施落实计划。 2. 严格执行反事故措施计划。 3. 对反事故措施计划落实后的效果进行评估	

序号	辨识项目	辨识内容	辨识要点	典型控制措施	案例
1.5.3	落实情况监督	措施落实监督不到位,不能及时消除安全隐患,导致安全事故发生	措施执行及改进的闭环控制	1. 各专业安全员要督促本专业防范措施的落实及隐患整改全过程。 2. 中心安全监督专责要督促中心内的措施落实及隐患整改全过程	
1.6	**人员安全管控**				
1.6.1	安全案例学习、安全教育培训	未组织开展安全案例学习,吸取事故教训,未结合实际开展安全培训教育,导致员工安全意识淡薄、安全责任落实不到位	建立安全案例、培训教育制度,检查学习、落实情况	1. 利用安全分析会及安全日活动定期组织学习,培训教育,吸取事故教训。 2. 结合实际对组织学习情况进行抽查、考问、考试,检验学习效果	
1.6.2	人员业务素质	在调度系统未定期开展生产人员业务培训,造成生产人员不完全具备应有的业务素质和业务资质,造成安全生产隐患	上岗资格认定	1. 应定期对调度系统人员开展培训。 2. 生产人员应具备符合岗位需要的基本业务素质并通过相关调控机构的考试	
1.6.3	人的行为状态	生产人员精神、体能状态不适应工作要求,导致不安全行为	检查人员状态	1. 工作前保证良好的休息。 2. 工作时应保持良好的精神状态,不做与工作无关的事情。 3. 根据实际情况进行人员调整	
1.6.4	外来工作人员管理	管理不到位或造成安全生产事故、泄密事件以及其他不良影响等	加强外来工作人员工作期间的全过程管理	1. 签订项目合同时应与外来技术支持单位签订安全工作协议,明确工作时间、工作范围、工作内容、安全要求及保密要求。 2. 建立健全外来工作人员资质审查和登记制度。 3. 建立外来支持人员必备安全资质检查审核制度。 4. 对外来工作人员进行安全、保密和其他纪律教育,组织进行安全知识考试,签订保密协议;外来技术工作人员进场工作前,需经过安全生产知识和安全生产规程的培训,考试合格后方能进行工作。	

序号	辨识项目	辨 识 内 容	辨识要点	典型控制措施	案例
1.6.4	外来工作人员管理	管理不到位或造成安全生产事故、泄密事件以及其他不良影响等	加强外来工作人员工作期间的全过程管理	5. 外来工作人员在调控机构工作期间必须悬挂格式统一的身份标识牌。 6. 在安全 I 区工作或进行重大操作时要有调控（分）中心相关专业人员进行现场监督、确认	
1.6.5	外来参观人员管理	管理不到位或泄密事件以及其他不良影响等	加强外来人员参观期间的全过程管理	1. 建立健全外来参观人员登记审核制度并严格把关。 2. 落实外来参观的全程陪同人员。 3. 明确供参观场所的安全和保密要求并悬挂相应的提示标牌	
1.6.6	生产场所实现定置管理	茶水、饮料、汤类液体溅入调度操作、调试、控制设备，影响设备安全、系统正常运行	茶水、饮料、汤类液体与调度操作、调试、控制设备保持距离	1. 茶水、饮料、汤类液体单独存放，与调度操作、调试、控制设备保持足够距离。 2. 具备茶水、饮料、汤类液体防倾倒或溅出措施	
1.6.7	相关保障因素	人员安全能力受到相关因素的影响，导致不安全行为	检查场所、环境、消防设施等	1. 工作场所、作业环境等保障因素符合相关规程制度要求。 2. 定期进行消防安全检查，消除火险隐患。 3. 有针对性地进行消防知识培训，提高防火和火险逃生等基本技能。 4. 根据重要场所反恐、保卫要求，对调度大厅、机房等地点做好安全保卫工作，关闭非正常通道	
2	**调度控制**				
2.1	**调控运行人员状态**				
2.1.1	调控运行值班人员配置	调控运行值班人员配置不足，导致各班人员工作时间延长，工作强度加大，值班人员易疲劳，有可能引起误调度、误操作	保证调控运行值班人员的配置	开展人员承载力研究，确保实际在岗人数达到调控运行值班人员配置标准	

序号	辨识项目	辨 识 内 容	辨识要点	典型控制措施	案例
2.1.2	调控运行值班人员业务能力	新进调控运行值班人员或调控运行值班人员长期脱离工作岗位，不熟悉电网情况，无法对电网安全运行正确监控	上岗培训	1. 调控运行值班人员在独立值班之前，必须经过现场及调度室学习和培训实习，并经过考试合格、履行批准手续后方可正式值班，并书面通知各有关单位。 2. 调控运行值班人员离岗一个月以上者，应跟班1~3天熟悉情况后方可正式值班。 3. 调控运行值班人员离岗三个月以上者，应经必要的跟班实习，并经考试合格后方可正式上岗。 4. 调控运行值班人员定期到现场熟悉运行设备，尤其重视新投运设备和采用新技术的设备。 5. 必须通过系统性的仿真培训，熟悉各类事故、异常的处理	
2.1.3	调控运行值班人员身体状态	当班调控运行值班人员身体状态不佳，无法正常监控电网运行	良好身体状态	1. 接班前应保证良好的休息。 2. 接班前8小时内应自觉避免饮酒。 3. 当班时应保持良好工作状态，不做与工作无关的事情；严禁值班人员违反规定连续值班，特殊情况，经请示中心领导同意后，方可连续值班	
2.1.4	调控运行值班人员精神状态	调控运行值班人员情绪不佳，精力不集中，无法胜任值班工作	良好精神状态	1. 接班前调整好精神状态。 2. 情绪异常波动、精力无法集中的，不得当班。 3. 保证必要的休假，调整调控运行值班人员身心状态及生活节奏。 4. 定期邀请心理专家对调控员进行心理疏导	
2.1.5	人员业务承载力	工作量较大，导致当值人员无法保证所有工作安全可靠完成	检查检修计划、天气情况及事故抢修等情况下的人员配置	1. 合理安排检修计划、设备启动等工作，满足人员承载力要求。 2. 建立备用值班机制，出现恶劣天气、重大自然灾害等原因导致工作量激增，超出人员承载力时，立即启用备用值班员，支援当值调控员完成工作	

序号	辨识项目	辨识内容	辨识要点	典型控制措施	案例
2.2	**调度交接班**				
2.2.1	调度日志	调度日志未能真实、完整、清楚记录电网运行情况，导致误操作、误调度	调度日志正确记录	1. 调度日志应包含：当班检修和操作记录、电网异常和故障情况、开停机记录、发用电计划调整记录、运行记事、当前系统运行方式、保护及安全稳定控制装置变更调整等。 2. 调度日志内容要真实、完整、清楚，记录的问题和设备状态符合实际	
2.2.2	交班值准备	交班值没有认真检查各项记录的正确性，导致交班时未能正确交待电网运行方式，造成下值误操作、误调度	交班正确	1. 交班值检查调度日志记录（含设备状态），操作指令票记录（含 EMS 系统设备状态校正），检修工作票记录，继电保护定值单记录等正确。 2. 检查有关系统中稳定控制限额设置正确	
2.2.3	接班值准备	接班值未按规定提前到岗，仓促接班，未经许可私自换班，未能提前掌握电网运行情况，对交班内容错误理解、不能及时发现问题，造成误操作、误调度	接班准备充分	1. 接班值按规定提前 15 分钟到岗。 2. 加强值班考勤管理，严禁私自换班，一般情况下不允许值班人员连续值班。 3. 全面查看调度日志、检修工作申请票、调度操作指令票等交班内容。 4. 查看最新运行规定、运行资料和上一班准备的材料，如危险点分析、事故预想等	
2.2.4	交、接班过程	交、接班人员不齐就进行交接班，交接班过程仓促，运行方式、检修工作、电网异常和当班联系的工作等交接不清，导致接班值不能完全掌握电网运行情况，造成误操作、误调度	交接清楚电网运行情况	1. 交接班人员不齐不得进行交接班。 2. 交班值向接班值详细说明当前系统运行方式、机组运行情况、检修设备、系统负荷、计划工作、运行原则、正在进行的电气操作、故障处理进程、存在的问题等内容及其他重点事项，交接班由交班值调度长（正、主值）主持进行，同值调度员可进行补充。 3. 接班值理解和掌握交班值所交待的电网情况，特别关注非正常运行方式。 4. 交班值须待接班值全体人员没有疑问后，方可完成交班。 5. 交接班期间发生电网故障时，应终止交接班，由交班值进行故障处理，待处理告一段落，方可继续交接班	

序号	辨识项目	辨 识 内 容	辨识要点	典型控制措施	案例
2.3	**调度运行监视**				
2.3.1	调度员值班纪律	当班调度员未认真遵守调度员值班纪律，电网安全运行失去监控，导致电网故障发生	当班调度员认真执行调度员值班纪律	1. 值班时间必须严格执行调度规程和其他安全运行规程，保证电力系统安全优质经济运行。 2. 调度员当班期间严禁脱岗。 3. 调度室内应保持肃静、整洁，不得闲谈、不得会客、不做与调度业务无关的事	
2.3.2	开停机指令发布	错误发布机组启停指令，导致局部元件过载或全网出力出现缺额	正确发布机组启停指令	1. 正常状况下应严格执行日计划表单中机组启停安排。 2. 在负荷与计划偏差较大时应及时调整机组启停计划，避免过停造成出力缺额。 3. 临时调整机组启停计划时应进行在线潮流计算。 4. 应熟悉机组开机方式对相关断面潮流的影响，避免因开停机组造成潮流越限。 5. 非计划停运机组缺陷处理结束后，必要时应进行机组开机方式校核	
2.3.3		未及时控制线路或断面超稳定限额运行，导致稳定限额越限	及时控制稳定限额	1. 关注重载线路及断面潮流，及时调整出力及转移负荷，确保电网在稳定限额内运行。 2. 一、二次方式变更后及时修正稳定限额	
2.3.4	线路或断面潮流控制	错误控制线路或断面超稳定限额运行时，导致电网稳定水平恶化	熟悉系统潮流走向，熟悉线路或断面稳定限额	1. 时刻熟悉并掌握系统潮流分布及流向。 2. 熟悉并掌握电网内线路及断面正常及检修方式的稳定限额。 3. 在重载线路或断面超稳定限额运行时及时根据潮流流向合理调整相关出力及负荷	
2.3.5		恶劣天气前未控制潮流，恶劣天气时电网故障难以处理，导致电网故障扩大	恶劣天气前做好稳定控制	提前制定恶劣天气应对预案，严格控制相关重载线路及断面潮流	
2.3.6	频率控制	系统频率异常时未能及时调整出力及负荷，系统长期在不合格频率运行	频率监视与控制	关注系统频率，在频率出现较大偏差时及时有效地调整系统出力及负荷，在短时间内恢复系统频率至合格范围内	

序号	辨识项目	辨识内容	辨识要点	典型控制措施	案例
2.3.7	电压控制	系统电压超出合格范围未能及时调整，局部地区长期电压越限	电压监视与控制	监视系统电压，当出现电压超出合格范围的时候，及时调整无功功率，在短时间内恢复系统电压至合格范围内	
2.4	**调度当班工作联系**				
2.4.1	联系规范	调度联系时未互报个人的单位、姓名，调度术语使用不规范，导致误调度	调度联系时形式规范	1. 调度联系时必须首先互相通报单位和姓名。 2. 调度联系要严肃认真、语言简明、使用统一规范的调度术语和普通话	
2.4.2	核对临时工作要求	对现场或下级调度临时提出的工作要求没有仔细核对运行方式及电网潮流，盲目同意，导致误操作或潮流越限	许可临时工作前核对	1. 临时工作答复前仔细核对现场一、二次设备状态。 2. 考虑临时工作对电网运行方式及潮流的影响，必要时要进行潮流或稳定计算。 3. 许可临时工作前，应核对系统正在进行的工作，检查是否会对正在进行的工作造成影响	案例1
2.4.3	核对管辖范围	对现场或下级调度临时提出的工作要求没有仔细核对调度管辖范围，盲目同意，越级许可，导致上级或下级调度误操作或误调度	许可临时工作遵守调度管辖范围	1. 应充分熟悉调度管辖及许可设备划分规定。 2. 应严格执行操作许可制度，避免越级许可工作	
2.4.4	联系及时准确	上下级调度之间联系汇报不准确、不及时，汇报内容不完整，导致对电网情况不能及时准确了解，造成误调度或误操作	联系汇报应及时准确	1. 应严格执行调度联系汇报制度。 2. 汇报时应思路清晰，内容完整	
2.4.5	排除电话干扰	故障处理时，没有关注主要信息，受到不必要的电话干扰，导致故障处理延误或误操作	集中精力，排除干扰	1. 调度电话号码应保密，限制公布范围。 2. 故障处理时，与故障处理无关的电话拒接、简短回答，或事后解答	
2.5	**检修工作申请单管理**				
2.5.1	审批内容正确	检修工作申请单内容有错误或缺失导致安全措施不全，可能造成误操作	核对工作内容、安全措施以及运行方式	当班值班长在答复检修工作申请单前，应首先核对工作内容、安全措施及运行方式，确保工作内容与工作要求的安全措施匹配，运行方式安排合理	

序号	辨识项目	辨 识 内 容	辨识要点	典型控制措施	案例
2.5.2	批复范围	批复时未通知相关单位，导致部分相关单位不能了解配合操作的内容，可能造成误操作	通知相关单位	批复检修工作申请单时，应严格遵守调度规程及检修工作申请单管理规定，对工作所涉及的相关单位均要告知	
2.5.3	批复时间	未按规定时间批复导致工作申请单位准备时间仓促，可能造成误操作	按时批复申请单位	在批复检修工作申请单时应严格遵守调度规程及检修工作申请单管理规定，按时批复申请单位	
2.5.4	批复后复诵	批准开完工时未执行复诵制度，可能导致工作内容变更或工作范围扩大，造成误操作	录音复诵	在批准现场或下级调度开完工时应相互复诵，确保工作内容一致	
2.5.5	检修工作记录	检修工作申请单开完工后未填写时间及联系人，导致下一值调度员误认为工作未开工或未完工，无法正确掌握设备状态，导致误操作	及时记录开完工及特殊情况	1. 批准开完工时应仔细核对时间及联系人并及时填写。2. 工期有变化的检修工作申请单应及时注明并填写联系人。3. 因天气及其他原因导致无法工作的检修工作申请单，应及时注明工作票作废原因并填写联系人	
2.5.6	工作开工管理	现场不具备工作条件发工作许可，造成电网故障和人身事故	确认设备具备工作条件	设备停电检修许可前，应再次检查该许可设备确已操作停役，并核对调度模拟图板、计算机显示屏、与现场设备运行状态无误，方可下达开工许可	
2.5.7	工作终结管理	工作未结束就终结申请，调度工作终结监护不严，导致人身伤亡和电网故障	所有相关工作全部结束后方可终结申请	1. 同一停电项目有多份申请单应确认所有的工作终结后，该停电项目方可结束。2. 对全部终结后的设备停、复役记录，由当班值长进行审核后，再恢复送电	
2.6	调度倒闸操作				
2.6.1	拟票操作	计划检修的停服役操作没有按流程拟写操作指令票，导致误操作	操作前拟票	除紧急处理故障和异常以外，计划性工作的停复役操作前，应按流程拟写操作指令票	

序号	辨识项目	辨 识 内 容	辨识要点	典型控制措施	案例
2.6.2	拟票前充分理解一、二次意见	拟票时未看清楚检修工作申请票中方式安排及保护意见，或对检修工作申请票中批注意见有疑问时，未经确认继续执行或擅自更改执行，导致拟票错误	拟票前应仔细阅读并充分理解方式安排和保护意见	拟票前仔细阅读并充分理解检修工作申请票中方式安排、保护意见及其他相关专业意见，如有疑问立即询问、核实	
2.6.3	拟票前核对	拟票时不清楚系统当前运行方式，未执行"三核对"，导致拟票错误	拟票前进行核对	1. 核对检修申请单。 2. 核对调度大屏（模拟盘）及 SCADA 画面。 3. 核对现场设备实际状态。 4. 掌握电网运行方式的变化	
2.6.4	操作目的明确	拟票时操作目的不清楚，导致拟票错误	拟票时要明确操作目的	1. 要充分领会操作意图。 2. 拟票时要明确操作目的	
2.6.5	熟悉电网运行方式	拟票时未充分考虑设备停送电对系统及相关设备的影响，导致操作时系统潮流越限或保护不配合	拟票调度员应熟悉系统运行方式	1. 了解系统和厂站接线方式。 2. 了解一次设备停复役对系统潮流变化及保护配合的影响。 3. 了解主变压器中性点投切及保护投停对系统的影响。 4. 掌握安全自动装置与系统一次运行方式的配合	
2.6.6	标准术语使用	拟票时，未使用标准的操作术语导致现场理解错误，造成误操作	拟票正确使用操作术语	拟票人熟练掌握标准操作术语的含义及应用范围，拟票时合理使用，防止出现使现场理解产生歧义的内容	
2.6.7	操作指令票内容正确性	操作指令票内容不规范；操作步骤不合理；方式调整不合理；保护及安全自动装置未按要求调整；未考虑停电设备对系统的影响，导致误操作	拟票调度员对所辖电网的熟悉程度及调度专业知识的掌握程度	1. 拟票人熟悉电网操作原则，掌握操作指令票拟写规范。 2. 拟票人充分考虑操作指令票操作前后对电网运行方式的影响。 3. 拟票人充分考虑操作指令票操作前后对电网稳定控制装置的影响	案例 2
2.6.8	操作指令票内容完整性	拟票时，与操作相关的内容未完整填写，导致操作时与该操作相关的配合部分未完整执行，造成误操作	操作指令票完整，包括与操作相关的全部内容	1. 操作指令票应完整，包括与操作相关的全部内容。 2. 涉及两级及以上调度联系的操作，将电网方式变化及设备状态移交等写入操作指令票中	

序号	辨识项目	辨 识 内 容	辨识要点	典型控制措施	案例
2.6.9	审核操作指令票	审核过程马虎，未能及时发现错误，导致误操作	操作指令票内容、审票人签名	审核操作指令票时应精力集中，仔细审阅，及时发现错误并纠正，审核后应签名	
2.6.10	预发前核对	预发前未执行"三核对"，对所预发的调令操作目的不清楚，对所预发的调令操作内容和步骤理解不清，导致将错误调令预发至现场，造成误操作	准确把握预发调令的操作目的及操作步骤	1. 预发调令前仔细审核一次，执行"三核对"（核对调度大屏（模拟盘）和 SCADA 状态、核对现场设备状态、核对检修申请单）。 2. 考虑预留操作所用的时间	
2.6.11	操作指令票预发时间及方式	预发至现场时，未严格执行预发指令票有关规定，使现场对将要执行的操作没有做好充分准备，造成误操作	按规定时间、通过规定途径提前预发	1. 计划工作的操作指令票应按规定时间提前预发至现场。 2. 大型操作或新设备启动等操作指令票原则上应提前预发至现场，以便现场有充分的准备时间。 3. 对于不具备网上接票或传真接票功能的单位应使用电话预发的手段	
2.6.12	预发后复诵	预发调令后没有与现场进行核对，核对时没有严格执行录音复诵制度，预发调令时遗漏受令单位或预发至错误的受令单位，导致误操作	预发调令的流程	1. 无论采取何种预发调令的手段，预发后都必须与现场进行电话核对。 2. 核对时应严格执行录音复诵制度。 3. 预发时应互通单位、姓名、岗位，并核对调令编号。 4. 预发时还应说明是预发调令	
2.6.13	熟悉电网运行方式再操作	对电网实时运行情况不清楚，盲目操作，导致误停电或误操作	操作前掌握电网情况	随时掌握当值电网运行状况（如电力平衡、频率和电压、接线方式、设备检修、反事故措施内容、用电负荷、本班操作任务及进程等）	案例 2
2.6.14	操作环境	操作时环境不佳，如电网负荷高峰时段、天气恶劣等，此时进行操作可能削弱系统网架结构，降低稳定水平	运行环境不佳影响操作	1. 尽量避开负荷高峰时段操作。 2. 尽量避免恶劣天气条件下（雷、电、雨、雾等）操作	
2.6.15	重大方式变更预案	进行电网重大方式调整时，没有做好相应的故障应急处置方案，导致处理故障过程中出现误操作或引起故障扩大	重大方式调整应提前分析做好预案	1. 提前分析危险点及薄弱环节，制定操作性强的故障应急处置方案并加强演练。 2. 运方专业向调控运行人员进行方式交底	

序号	辨识项目	辨识内容	辨识要点	典型控制措施	案例
2.6.16	操作前危险点分析	操作前未做好危险点分析，导致操作中遇到异常情况时不能正确处理，造成误操作	接班后危险点分析	1. 熟悉、掌握电网故障处理预案。 2. 接班后在安全稳定分析计算的基础上及时做好当班危险点分析。 3. 在安全稳定分析计算的基础上根据电网状况及时做好事故预想。 4. 在操作前，进行必要的潮流计算	
2.6.17	操作前核对	操作前未执行"三核对"；未应用软件计算分析潮流；未能掌握电网运行方式及厂站接线方式，仅靠自动化系统信息状态即发布调度指令或许可操作，导致误操作	操作前的准备工作充分	1. 核对检修申请单。 2. 核对调度大屏（模拟盘）及 SCADA 画面。 3. 核对现场设备状态。 4. 明确操作目的。 5. 应用调度员潮流软件（PF）做操作前后的潮流分析	案例 1、案例 3
2.6.18	操作前联系	操作前没有联系相关单位，盲目操作，导致误停电或稳定越限	操作前沟通联系	1. 操作前应及时与检修工作申请单位沟通，了解操作能否进行。 2. 联系上下级调度申请许可操作或通报操作意图。 3. 操作前与现场说明操作目的	
2.6.19	上级调度发令的操作	不执行或拖延执行上级调控机构下达的指令，或未按规定经过上级调度许可擅自进行相关操作	执行上级调度指令	严肃调度纪律，确保调度指令的权威性	
2.6.20	上下级配合的操作	有需要不同单位或上下级调度配合的操作，未按调令顺序操作（跳步操作），造成误操作	按调令顺序操作	1. 上下级调度配合操作时，应清楚移交电网方式和设备状态。 2. 一、二次部分配合操作应及时	
2.6.21	按顺序操作	未经请示，或未经本值讨论，擅自跳步操作、擅自更改操作内容，导致误操作	按调令顺序操作	1. 按调令顺序执行，如遇特殊情况需更改操作顺序应履行相关规定。 2. 不得擅自更改操作内容	
2.6.22	操作中核对状态	操作过程中调度员未及时与现场核对操作设备状态，导致误操作	操作过程中与现场核对	1. 利用远动信息及时与现场核对操作设备状态，包括开关变位、潮流变化情况。 2. 与现场运行人员电话核对	案例 4

序号	辨识项目	辨识内容	辨识要点	典型控制措施	案例
2.6.23	操作规范性	操作时未严格执行发令、复诵、录音、监护、记录、汇报制度,导致误操作	发令、复诵、录音、监护、记录、汇报	1. 发令应准确、清晰,使用规范的操作术语和设备双重编号。 2. 严格执行发令、复诵制度。 3. 发令人应明确执行的调令编号。 4. 发令用电话应有录音功能	
2.6.24		在许可电气设备开工检修和恢复送电时约时停送电,造成误操作或人身伤亡事故	严禁"约时"停送电	1. 开始、终结电气设备检修工作前要核对。 2. 严禁"约时"停送电	
2.6.25		操作未做好详细记录,导致误操作	操作记录	1. 发令完毕且现场复诵正确后应记录发令时间。 2. 现场汇报操作完毕且调度员复诵正确后应记录执行完毕时间	
2.6.26	操作监护	操作时失去监护,导致误操作	监护操作	1. 操作应有人监护。 2. 监护人应有监护资格	
2.6.27	复役操作	工作未全部结束即进行复役操作,导致带地线合闸等恶性误操作	全部完工后复役操作	1. 核对所有相关的检修工作全部完工。 2. 操作前核对设备状态	
2.6.28	操作后核对	操作完毕后未及时修正调度大屏(模拟盘)、核对 EMS 及调度日志的设备状态,下一值调度员不能正确掌握设备状态,导致误操作	操作后核对状态记录	1. 操作执行完毕后应及时核对一、二次设备状态。 2. 校正调度大屏(模拟盘)。 3. 核对 EMS 画面的设备状态。 4. 核对调度日志记录的设备状态。 5. 核对相关安全自动装置的状态	案例4
2.7	**调度运行故障及异常处理**				
2.7.1	故障信息收集与判断	未及时全面掌握异常或故障信息,导致故障处置时误判断、误下令	掌握信息、准确判断	1. 仔细询问现场设备状态、运行方式、保护及自动装置动作情况。 2. 在未能及时全面了解情况前,应先简要了解故障或异常发生的情况,及时做好应对措施和对系统影响的初步分析。 3. 故障处置时应进一步全面了解故障或异常情况,核对相关信息	

序号	辨识项目	辨 识 内 容	辨识要点	典型控制措施	案例
2.7.2		异常或故障处置时，未及时全面掌握当地天气和相关负荷性质等情况，导致故障处置不准确	关注天气和负荷	1. 应及时了解故障地点的天气情况。 2. 应了解相关损失或拉路负荷的性质	
2.7.3	故障信息收集与判断	在处理电网发生故障或异常时，不清楚现场运行方式，盲目处理，导致误操作或故障扩大	核对现场，故障时掌握电网运行方式	1. 仔细询问现场设备状态、运行方式及保护动作情况。 2. 根据已掌握的信息和分析，按故障处置原则进行故障处置。 3. 随时掌握故障处置进程及电网运行方式变化	
2.7.4	故障的配合处理	故障范围属于上级或下级调度操作范围，未及时汇报或未及时配合处理，导致故障扩大	设备管辖范围	1. 准确掌握各级调度操作管辖范围。 2. 按设备管辖范围及时汇报上级调度。 3. 根据故障处置需要进行协助、配合故障调查处理	
2.7.5	事故预想及故障应急处置方案	未根据负荷变化、气候、季节及现场设备检修情况等做好事故预想，故障应急处置方案不熟悉，导致系统发生故障时不能正确应对，造成误下令或故障扩大	做好事故预想，熟悉故障应急处置方案	1. 应根据负荷、天气等变化，做好当班事故预想及危险点分析。 2. 熟练掌握各种故障的处理预案	案例 5
2.7.6	故障处置时稳定控制	故障方式下电网稳定限额控制要求不清楚，未及时调控电网潮流（电压），导致故障扩大	故障后稳定限额控制	1. 熟悉典型故障方式下的稳定控制要求。 2. 及时调整有关线路及断面潮流	
2.7.7	及时调整安全自动装置	对故障情况下电网安全自动装置调整原则不熟悉，未及时根据故障后运行方式调整安全自动装置，导致安全自动装置动作引起故障扩大	熟悉安全自动装置调整原则	1. 熟悉各种故障方式下电网安全自动装置调整原则。 2. 及时根据故障后运行方式调整安全自动装置	
2.7.8	拉限电	异常或故障处置时，拉限电力度不够或在错误的地方拉限电，造成线路或断面潮流持续越限，引起故障扩大	下达拉限电指令及时、正确	1. 熟悉电网潮流转移情况和潮流走向。 2. 拉限电应及时、正确、有效。 3. 拉限电应按照批准的拉限电方案执行	

序号	辨识项目	辨识内容	辨识要点	典型控制措施	案例
2.7.9	故障紧急停机	异常或故障处置时，错误发布故障紧急停机组指令，造成线路或断面潮流持续越限，引起故障扩大	下达故障紧急停机指令及时、正确	1. 熟悉电网潮流转移情况和潮流走向。 2. 下达故障紧急停机指令应及时。 3. 下达故障紧急停机指令应正确	
2.7.10	特殊接线、特殊设备的操作要求	异常或故障处置时，恢复方案没有考虑特殊接线、特殊设备等对操作的特殊要求，导致误下令或故障扩大	特殊接线、特殊设备	熟悉电网中的特殊接线方式、特殊设备及操作的特殊要求	
2.7.11	故障处置操作的规范性	异常或故障处置时，下令不准确，导致误下令或故障扩大	故障处置步骤的正确性	1. 操作步骤正确。 2. 下发口头操作指令前，应慎重考虑操作令的准确性及操作结果。 3. 必要时应拟写正式口令操作指令票	
2.7.12	故障处置原则的熟悉程度	异常或故障处置时，对系统频率异常、电压异常、系统振荡、联络线和联络变多重故障、系统解列等故障的处理原则不熟悉，导致误下令或电网故障扩大	熟悉调度规程中各种故障处置的原则	1. 熟练掌握系统频率异常、电压异常、系统振荡、联络线和联络变压器多重故障、系统解列等异常与故障处置原则。 2. 尽快隔离故障点，消除故障根源。 3. 送电前应判明保护动作情况了解故障范围。 4. 尽可能保持设备继续运行，保证对用户连续供电。 5. 尽快恢复对已停电用户的供电，特别是厂用电和重要用户的保安电源。 6. 调整运行方式，使系统恢复正常	
2.7.13	故障处置时的现场环境	故障处置时嘈杂的现场环境不利于当班调度员的故障处置，造成误调度、误操作	故障处置时调度现场保持良好的环境	1. 故障处置时除有关领导和专业人员外，其他人员均应迅速离开调度现场。必要时值班调度员可以邀请其他有关专业人员到调度现场协助解决有关问题。凡在调度现场的人员都要保持肃静。 2. 排除非故障单位的干扰，以免影响故障处置	
2.8	**新设备启动**				
2.8.1	启动前设备命名	新设备启动前没有及时进行设备编号命名，或命名重复、混淆，导致误操作	检查新设备命名	1. 提前做好设备编号的命名工作。 2. 命名不重复、不容易混淆。 3. 检查相关厂站接线图纸、明确新设备调度管辖范围更新	

序号	辨识项目	辨识内容	辨识要点	典型控制措施	案例
2.8.2	启动前 EMS、DMS 及调度大屏（模拟盘）更新	新设备启动前 EMS、DMS 及调度大屏（模拟盘）未及时更新，导致调度员对启动时电网接线方式不清楚，造成误操作	及时检查输、配电网接线图更新情况	及时做好 EMS、DMS 系统及调度大屏（模拟盘）电网接线图和站内电气接线图的更新核对	
2.8.3	参加调度启动交底会	调度员没有参加新设备启动前的交底，导致对启动流程不能全面了解，造成误操作	参加新设备启动交底	1. 调度员应参加新设备启动前的交底会。 2. 调度员应熟悉启动方案。 3. 调度员全面掌握启动流程、一次方式变化及保护配合等	
2.8.4	启动前核对启动条件	新设备启动前未仔细核对待启动设备状态或该设备没有完全具备启动条件，就开始启动操作，导致误操作	核对启动送电条件	1. 联系所有相关单位确认待启动设备具备启动送电条件。 2. 仔细核对现场设备状态与启动方案中的启动条件一致	
2.9	**监控交接班管理**				
2.9.1	监控日志	监控日志未能真实、完整、清楚记录电气缺陷、通信自动化异常等情况，导致遗漏重要运行信息或信息无法监控，影响电网安全运行	监控日志正确记录	1. 监控日志应包含当班操作记录、电气缺陷和通信自动化异常记录、开关跳闸记录、置牌记录、巡视记录、无功优化系统记录、视频缺陷记录、上级来文、重要联系事项等记录。 2. 监控日志内容要真实、完整、清楚，记录的问题和设备状态符合实际。 3. 每值应对监控日志进行检查，发现问题，及时整改	
2.9.2	监控交接班	1. 交班值没有充分准备，导致交班时未能正确对变电站运行方式、系统通道工况、检修置牌、信息封锁进行重点核对，造成下一值误操作。	交接清楚电网运行情况	1. 交接班人员不齐不得进行交接班，交班人员在交班前应进行充分准备，对本值主要工作完成情况进行检查，准备交接班日志，整理交接班材料，做好清洁卫生和台面清理工作；接班人员要按规定提前到岗熟悉电网和设备运行情况，认真阅读监控运行日志、操作指令票等各种记录，了解上值主要工作情况。	

序号	辨识项目	辨 识 内 容	辨识要点	典型控制措施	案例
2.9.2	监控交接班	2. 接班值未按规定提前到岗掌握电网和设备运行情况，仓促接班，对交班内容理解错误，造成误操作与信息误处置。 3. 交接班人员不齐就进行交接班，交接班过程仓促，未按规定对交接班内容进行逐项交接，影响电网安全运行	交接清楚电网运行情况	2. 交班值向接班值详细说明当前系统运行方式、检修设备、正在进行的电气操作、故障处置进程、存在的问题等内容及其他重点事项，交接班由交班值长（正值）主持进行，同值监控员可进行补充。 3. 接班值理解和掌握交班值所交待的电网情况、信息封锁或抑制、置牌情况及其他相关事项等。 4. 交班值须待接班值全体人员没有疑问后，方可完成交班。 5. 交接班期间监控设备发生故障时，应终止交接班，由交班值进行故障处置，待处理告一段落，方可继续交接班	
2.10	**监控运行**				
2.10.1	监控业务联系	监控联系时未按规范进行；相关业务联系汇报不准确、不及时，汇报内容不完整，导致不能全面正确的了解电网和设备运行情况，造成误操作或者信息误处置	1. 检查监控业务联系是否规范。 2. 检查监控员是否及时、准确、全面地汇报监控业务	1. 监控业务联系时必须首先互相通报单位和姓名，严肃认真、语言简明，使用规范的调度术语。 2. 监控员要及时、准确、全面地汇报监控业务，尤其是故障与异常信息的汇报	
2.10.2	信息监视	漏监信息，造成故障处置不及时或扩大故障；误判信息，造成故障或异常错误处理	1. 做好信息分类和监控责任区的划分。 2. 不间断监视各类告警信息	1. 明确监视范围，不间断监视变电站设备故障异常、越限、变位信息及输变电设备状态在线监测告警信息。 2. 掌控监控系统、设备在线状态监测系统和视频监控系统等运行情况。 3. 对检修信息进行置牌，使其只上检修信息窗口，核对监控系统检修置牌情况、信息封锁情况。 4. 对于设备各类异常告警信息，监控员应及时与运维人员进行确认，并汇报相关调控，做好信息处置准备工作。 5. 在检修过程中出现的重要告警信号，即使动作、复归了，也要慎重判断，若不能确认，要及时与现场联系确认	

序号	辨识项目	辨 识 内 容	辨识要点	典型控制措施	案例
2.10.3	监控信息汇报及处置	监控范围内发生系统（设备）异常或故障信息，未及时通知运维人员，汇报相关调度，导致系统（设备）异常或故障得不到及时处理，造成故障扩大	按照监控异常、故障信息处置相关规定及时通知运维人员现场检查并立即汇报相关管辖调度	1. 准确掌握电网设备的各级调度管辖范围。 2. 根据异常或故障跳闸信息情况，监控员应初步分析判断异常或故障跳闸原因及对系统的影响，及时通知运维人员现场检查，并立即汇报相关调度。 3. 及时向相关调度反馈现场检查情况。 4. 根据调度指令做好故障或异常的处理和恢复送电准备，如执行远方遥控操作等，并做好记录	
2.10.4	电压、力率监视与调整	系统电压、力率超出合格范围未能及时调整，局部地区长期电压越限，部分220kV主变压器受电力率不合格	电压、力率监视与控制	1. 降低监控员系统电压与主变受电力率调整工作量。 2. 掌握系统电压波动规律，超前调整系统电压。 3. 加强监视电压与力率的监视，及时调整系统电压与力率，确保其在合格范围内。如无调节手段，立即向相应管辖调度汇报	
2.10.5	监控画面巡视	未按规范定时进行监控画面巡视，导致电网、设备异常和故障信息不能及时发现	按规范定时开展监控画面全覆盖巡视	按规范定时对监控系统的画面进行全面巡视，检查开关、刀闸位置是否正确，有无异常信息发信或光子牌未复归；遥测数据是否正常变位，有无越限；厂站工况画面中的厂站通道状态是否正常等，并做好巡视记录	
2.10.6	视频系统巡视	未按规定进行的视频系统巡视，导致视频系统的异常情况不能及时发现	按规定对视频系统进行巡视并确保巡视到位	检查视频系统运行情况，发现异常，及时通知相关人员检查处理，并做好相关记录	
2.10.7	输变电设备状态在线监测系统巡视	未按规定进行输变电设备状态在线监测系统巡视，导致输变电设备状态在线监测系统的异常信息不能及时发现	输变电设备状态在线监测系统巡视并确保巡视到位	检查输变电设备状态在线监测系统运行情况发现异常，及时通知相关人员检查处理，并做好相关记录	
2.10.8	信息核对	未定期与现场核对运行方式，造成变电站监控前置机死机后监控无法准确掌握运行方式	按规定与现场核对运行方式	监控按规定与现场核对运行方式，以确当前系统运行方式与实际一致	

序号	辨识项目	辨 识 内 容	辨识要点	典型控制措施	案例
2.10.9	设备缺陷处理	对现场设备的缺陷掌握不全，未能及时置牌、填报缺陷，对无功设备未能在无功优化系统中予以封锁；相关设备消缺后，未在无功优化系统中及时进行解锁、拆牌等，影响电压、功率因数的调节	做好设备缺陷填报、置牌、封锁、验收、解锁、拆牌等全过程管理	1. 对存在缺陷的设备，在调控自动化系统SCADA一次接线图中置牌，在OMS日志中填写电气缺陷记录，对无功设备，要在无功优化系统中及时封锁。 2. 设备缺陷消除后，在调度自动化系统SCADA一次接线图中拆牌，在OMS日志中将缺陷记录闭环，对无功设备，在无功优化系统中及时解锁	
2.11	**监控远方遥控操作**				
2.11.1	操作前危险点分析	操作前未做好危险点分析，导致操作中遇到异常情况时不能正确处理，造成误操作	操作前危险点分析	1. 操作前及时做好危险点分析。 2. 明确操作目的	
2.11.2	核对操作范围	对调度发令，没有仔细核对监控操作范围，盲目接受，越范围操作，影响电网安全	按监控允许操作的项目进行操作	严格按照监控操作范围进行操作，对超越监控操作范围的指令应拒绝执行并向发令调度指出	
2.11.3	操作界面和防误解、闭锁功能符合要求	操作界面设备状态、遥测数据显示不符合要求，或防误解、闭锁功能失灵，导致操作不成功或操作错误	检查操作界面中设备状态、遥测数据显示正确，防误解、闭锁功能正常	1. 操作前检查监控系统操作界面正常，设备状态和遥测数据显示正确，设备命名相符，通道情况正常。 2. 操作前检查监控系统防误解、闭锁功能正常	
2.11.4	接受操作任务	接受调度指令不规范，操作目的不清楚，导致接令错误或操作错误	接受调度指令时，应询问清楚操作目的，核对当前设备运行方式与调度要求相符	1. 接令时应使用录音电话，要充分领会操作意图，明确操作目的，使用规范的操作术语和设备双重名称，核对操作范围，考虑操作后的设备状态及影响。 2. 在监控系统主接线图上核对调度所要操作的变电站名称、待操作设备名称和编号、核对设备状态与操作目的相符。 3. 听清调度下令执行并复诵正确后，方可操作。 4. 在值班日志上逐字逐句记录调度操作指令并复诵，且核对正确；听清调度下令执行并复诵正确后，方可操作	

序号	辨识项目	辨识内容	辨识要点	典型控制措施	案例
2.11.5	操作任务票的转发	任务票转发不及时或错误，导致现场运维人员延误操作或误操作	正确、及时地转发任务票	1. 接受任务票后，与调度复诵正确。 2. 正确、及时地向现场转发任务票，并要求现场复诵正确，做好记录	
2.11.6	操作要求	1. 操作时未严格执行发令、复诵、录音、汇报制度，导致误操作。 2. 操作时失去监护，易导致误操作	1. 检查操作时是否严格执行发令、复诵、录音、汇报制度。 2. 操作时是否严格执行操作监护制，是否实施双人异机操作	1. 监控的单一操作可不填操作指令票，但应做好操作记录。操作结束后应做好记录，包括发令调度员、接令人、操作内容、操作人、监护人等。 2. 操作时应有人监护，并严格执行双人异机操作，监护工作应由有监护资格的监控员担任	
2.11.7	操作后核对	操作完毕后未核对设备状态及相关遥测量，导致操作没成功，影响电网安全运行	操作后核对设备状态及相关遥测量	操作执行完毕后应及时核对设备状态和相关遥测量的变化正确，应有两个及以上的指示同时发生正确变化	
2.12	**监控运行故障及异常处理**				
2.12.1	异常或故障信息收集与判断	未及时全面掌握异常或故障信息，导致汇报不全面，影响调度员对故障、异常的判断和处理	检查异常或故障信息汇报是否全面、初步判断是否准确	1. 仔细核对监控系统中告警时间、设备状态、运行方式、保护及自动装置动作情况等，对故障或异常信息进行初步分析和判断，立即向调度员汇报，并及时通知操作班到现场检查。 2. 现场综自设备通信或站端通道中断亦或主站原因导致无法对现场设备监控时，应将监控权移交给现场运维人员	案例1
2.12.2	事故预想及故障应急处置方案	未根据负荷变化、气候、季节及现场设备检修情况等做好事故预想，故障应急处置方案不熟悉，导致系统发生故障时不能正确应对，造成信息判断不准确或误判	做好事故预想，熟悉故障应急处置方案	1. 应根据负荷、天气等变化，做好当班事故预想及危险点分析。 2. 熟练掌握各种故障的处理预案。 3. 定期开展电网反事故演习及应急演练	

序号	辨识项目	辨 识 内 容	辨识要点	典型控制措施	案例
2.13	**调度持证上岗**				
2.13.1	调控运行人员持证上岗	调控运行人员未取得上岗证参与值班，接受、执行或下达指令，严重影响电网安全运行	调控运行人员具备上岗证	1. 调控运行人员在取得上岗证后，方能开展相关业务。 2. 组织调控人员参加持证上岗考试，取得上岗资格	
2.13.2	调度对象持证上岗	调度对象未取得上岗证参与值班，接受指令，严重影响电网安全运行	调控对象具备上岗证	1. 调度对象在取得上岗证后，方能开展相关业务。 2. 组织针对调度对象的持证上岗培训，开展上岗证考试和证书发放和管理工作	
2.14	**备调管理**				
2.14.1	备调人员业务能力	备调值班人员长期离开调度岗位，不熟悉主调电网情况，无法对电网安全运行正确调度	上岗培训	1. 备调值班人员必须经过主调现场及调度室学习和培训实习，并经过考试合格、履行批准手续后方可正式值班，并书面通知各有关单位。 2. 备调值班人员离岗一个月以上者，应跟班1~3天熟悉情况后方可正式值班。 3. 备调值班人员离岗三个月以上者，应经必要的跟班实习，并经考试合格后方可正式上岗。 4. 备调值班人员每半年到主调现场熟悉电网调度各项工作。 5. 必须通过主调系统性的仿真训练，熟悉各类故障、异常的处理	
2.14.2	备调日志	备调日志未能真实、完整、清楚记录主调电网运行情况，导致误操作、误调度	备调日志正确记录	1. 备调日志应包含当班检修和操作记录、电网异常和故障情况、开停机记录、发用电计划调整记录、运行记事、当前系统运行方式、保护及安全稳定控制装置变更调整等。 2. 备调日志内容要真实、完整、清楚，记录的问题和设备状态符合实际	

序号	辨识项目	辨 识 内 容	辨识要点	典型控制措施	案例
2.14.3	主调交班准备	主调没有认真检查各项记录的正确性，导致交班时未能正确交待电网运行方式，造成下值误操作、误调度	交班正确	1. 主调检查调度日志记录（含设备状态），操作指令票记录（含 EMS 系统设备状态校正），检修工作票记录，继电保护定值单记录等正确。 2. 检查有关系统中稳定控制限额设置正确	
2.14.4	备调接班准备	备调未按规定提前到岗，仓促接班，未经许可私自换班，未能提前掌握电网运行情况，对交班内容错误理解、不能及时发现问题，造成误操作、误调度	接班准备充分	1. 备调按规定提前 15 分钟到岗。 2. 加强值班考勤管理，严禁私自换班，一般情况下不允许值班人员连续值班。 3. 全面查看调度日志、检修工作申请票、调度操作指令票等交班内容。 4. 查看最新运行规定、运行资料和上一班准备的材料，如危险点分析、事故预想等	
2.14.5	主备调交接班过程	交接班人员不齐就进行交接班，交接班过程仓促，运行方式、检修工作、电网异常和当班联系的工作等交接不清，导致接班值不能完全掌握电网运行情况，造成误操作、误调度	交接清楚电网运行情况	1. 交接班人员不齐不得进行交接班。 2. 主调向备调详细说明当前系统运行方式、机组运行情况、检修设备、系统负荷、计划工作、运行原则、正在进行的电气操作、故障处置进程、存在的问题等内容及其他重点事项，交接班由交班值调度长（正、主值）主持进行，同值调度员可进行补充。 3. 备调理解和掌握交班值所交待的电网情况，特别关注非正常运行方式。 4. 交班值须待接班值全体人员没有疑问后，方可完成交班。 5. 主备调交接交接班期间发生电网故障时，应终止交接班，由交班值进行故障处置，待处理告一段落，方可继续交接班。 6. 主调遇重大方式调整、重要保电活动等有特殊运行、保电要求时，应向备调特别提出并提供故障应急处置方案、保电方案等资料	

序号	辨识项目	辨 识 内 容	辨识要点	典型控制措施	案例
2.14.6	资料管理	主调资料出现遗漏、错误、更新不及时等情况，影响电网安全运行	主调资料完整性、及时性	1. 制定备调资料清单，主调按要求提供完备的资料。 2. 制定备调资料更新周期表，按时更新资料。 3. 对于联系人、通讯方式等经常变化的内容，备调与主调同步更新	
2.14.7	备调综合转换演练	未按规定期限进行主备调综合转换演练或演练未达到规定要求	定期开展备调综合转换演练	1. 建立主备调定期切换演练机制。 2. 编制切换演练方案、措施齐备。 3. 综合转换演练过程规范手续齐备、记录完整	
3	**调度计划**				
3.1	**停电计划**				
3.1.1	中长期停电计划	未定期编制发输变设备停电计划，停电计划安排不当，造成电网和用户设备重复停电	统筹考虑，合理编制停电计划	1. 按年（季）、月编制基建、技改、市政、常规检修综合停电计划。 2. 按照"变电结合线路""二次结合一次""生产结合基建""电网结合用户"的原则，优化停电工作方案，避免设备重复停电。 3. 设备停电计划应结合年度基建、技改、市政、用户及生产计划，统筹考虑各工作间的配合关系。 4. 停电计划安排应协调有关设备运行单位，统筹考虑各运行单位的配合关系。 5. 结合输变电设备停电计划安排机组检修计划	
3.1.2	中长期停电计划平衡	未组织相关单位、部门对停电计划的必要性、合理性及停电工作的工期和施工方法等进行审核平衡，未对下级调度或分支机构上报的停电计划进行审核，造成停电计划安排不当，影响供电可靠性	认真审核停电计划	1. 按月召开停电计划平衡会。 2. 会同运检部、建设部、营销部等相关部门审核停电计划的必要性、工期合理性和停送电特殊要求。 3. 对本级调度和分支机构的停电计划认真审核把关、进行统筹平衡。 4. 了解施工方案，提出合理建议，提前考虑后期送电准备工作。 5. 提前考虑节假日和重大活动保电工作，合理安排停电计划，保障供电可靠性	

序号	辨识项目	辨 识 内 容	辨识要点	典型控制措施	案例
3.1.3	周停电计划	未结合电网运行情况、现场施工进度及天气情况编制周停电计划，造成停电计划变动安排仓促、不合理，影响供电可靠性	建立周停电计划编制制度	1. 及时了解现场前期准备、政策处理、施工进度等情况，提前了解月度计划可能变动项目。 2. 汇总平衡本级调度和下级调度或分支机构周计划，按时向上级调度报送周计划。 3. 结合电网运行情况、临时保电工作，调整停电计划安排。 4. 协调有关设备运行单位，统筹考虑各运行单位的配合关系	
3.1.4	短期停电计划	在网络拓扑或电网用电负荷发生较大变化时，未及时调整发输变电设备停电计划，或临时停电计划安排不当，导致电网结构削弱或备用容量不足	全网及区域安全裕度是否充足	1. 及时掌握电网运行变化情况，在负荷突增或大机组非计划停役时，合理安排发输变电停电计划，确保有足够备用容量机组可调用。 2. 综合考虑局部区域电网受电能力、受电通道停电计划及区域内用电负荷变化情况，合理安排区域内发电机组检修计划，留足旋转备用容量	
3.1.5	非计划停电	未经公司领导及相关部门审批擅自批准非计划停电，或未经过再次统筹平衡随意安排非计划停电，造成电网供电可靠性降低	严格执行非计划公司领导审批制度	1. 建立非计划审批流程，严格执行书面审批制度。 2. 对已批准的非计划停电认真审核，统筹考虑与月度计划的配合关系。 3. 及时将变更后的停电计划及情况说明上报上级调度	
3.1.6	一、二次方式的协调	线路停电未考虑对相关二次设备的影响，造成通信、自动化或安全自动装置通道中断，甚至导致其他运行线路的保护停运，二次设备停电未考虑对一次设备的影响，造成一次设备停运	一、二次设备检修协调机制	1. 线路停电应考虑对二次设备运行的影响。 2. 二次设备停电应考虑对一次设备运行的影响。 3. 一、二次专业共同会审，制定停电方案。 4. 一、二次检修计划应相互协调安排	
3.1.7	停电计划变更	申报单位对已批准的停电计划进行变更后，未重新认真审核平衡，未认真把关上报，造成本级或上级调度停电计划安排不合理	建立停电计划变更审批流程	1. 确保生产有序，保证电网的安全性，停电计划一经批准，无特殊理由不得随意更改。 2. 建立停电计划变更审批流程，严格执行书面审批制度。	

序号	辨识项目	辨 识 内 容	辨识要点	典型控制措施	案例
3.1.7	停电计划变更	申报单位对已批准的停电计划进行变更后，未重新认真审核平衡，未认真把关上报，造成本级或上级调度停电计划安排不合理	建立停电计划变更审批流程	3. 对变更后的停电计划认真审核，重新统筹平衡。 4. 及时将变更后的停电计划及情况说明上报上级调度	
3.1.8	停电计划安全校核	未经安全校核，擅自安排停电计划，影响电网安全稳定运行和可靠供电	建立停电计划安全校核机制	所有的停电计划均应经安全校核，对停电计划风险进行评估，必要时发布风险预警通知	
3.2	**停电申请单**				
3.2.1	停电申请单接收与申报	未按照规定时间要求和管辖范围规定填报或转报停电申请单，造成误报漏报，影响停电计划安排	严格执行停电申请单接收申报审核流程	1. 明确停电申请上报时间，并按要求报送。 2. 核对是否列入月度、周检修计划。 3. 定期组织对停电计划申报人员的培训	
3.2.2	使用术语	停电申请单未使用统一的调度术语和操作术语导致调度误操作、设备误停电	使用统一调度术语和操作术语	1. 审核停电申请单是否按照停电申请申报规范要求使用术语，对不合规范的要求退单重报。 2. 签批停电申请时设备名称、设备状态变化应使用统一调度术语和操作术语，避免歧义	
3.2.3	设备名称	停电申请单设备名称不正确导致调度误操作、设备误停电	使用正确设备名称	1. 建立停电申请单设备库，并及时维护。 2. 对照停电计划审核停电申请单设备名称填报正确性。 3. 停电申请单签批的运行方式安排，应使用双重编号，设备名称应与调度命名编号一致	
3.2.4	设备状态和停电范围	签批的设备状态和停电范围不明确，工作内容有歧义，导致调度误操作、设备误停电	明确设备状态要求和停电范围	1. 与申报单位核对申请设备工作期间的状态要求。 2. 与申报单位核对申请工作需要的停电范围、保护、通信等专业要求。 3. 与申报单位核对工作结束后设备状态要求	
3.2.5	工作内容和复役要求	未审核发现工作内容与停电范围不对应、工作内容与复役要求不对应，导致设备误停电或影响人身安全，造成恢复送电方案不正确、漏项	认真审核工作内容和复役要求	1. 对工作内容不明确或存疑之处与申报单位核对确认。 2. 与申报单位核对工作结束后复役要求，并根据其提供的试验方案编写送电方案。 3. 对主设备型号参数等变更，应同步提交设备变更说明材料	

序号	辨识项目	辨识内容	辨识要点	典型控制措施	案例
3.2.6	停电公告	未发布停电公告或停电公告发布不完整、时间不准确，未通知专线或双电源用户做好停电准备，导致误停电	严格执行停电公告管理办法	1. 签批申请时认真核对公告停电范围和时间。 2. 与营销部相关人员核对通知专线或双电源用户停电事宜	
3.2.7	配网单线图核对	审批检修申请单时未核对单线图，对单线图有疑问或发现错误时，未向配电运检单位询问或退回，导致方式安排错误或影响人身安全	强化配网单线图接线变更审核	1. 审批检修申请单时认真核对单线图。 2. 对单线图有疑问或发现错误时，及时向配电运检单位询问或退回重新编辑。 3. 确保现场工作涉及的配网线路及设备变更与单线图一致后，完成审核流转	
3.2.8	上下级协同	与上下级调度或分支机构签批申请时沟通不够，方式安排出现断层，导致设备误停电或影响人身安全	加强上下级调度申请签批的配合	1. 按照"下级服从上级、局部服从整体"的原则，确保上下级调度设备停电计划协调配合，避免高、低电压电网设备重叠停电。 2. 签批申请时加强与下级调度或分支机构的沟通，在保证本级电网可靠性的同时，兼顾下级电网方式调整的可行性和合理性。 3. 关注已申报停电申请的签批内容，主动与上级调度沟通汇报	
3.2.9	运行方式变更	工作申请票签批的电网运行方式变更不明确，导致调度误操作、设备误停电	明确电网方式变更意见	1. 与申报单位核对检修工作前的设备运行状态，核对检修工作前的电网运行方式。 2. 明确运行方式变更意见	
3.2.10	多重检修的安排	局部电网内、同一输电通道上安排了多重检修工作，或同时安排了检修与新设备启动，电网运行方式薄弱，导致重大安全隐患	停电项目的协调机制	1. 严把电网安全校核关。 2. 避免可能导致变电站全停风险的检修方式安排。 3. 避免可能导致3个及以上220kV变电站同时停电风险的检修方式安排。 4. 同一地区电网尽可能不安排2回及以上联络线同时停电。 5. 同一断面尽可能不安排2个及以上元件同时停电。	

序号	辨识项目	辨 识 内 容	辨识要点	典型控制措施	案例
3.2.10	多重检修的安排	如：局部电网与主网联系薄弱，存在3个以上变电站同时停电风险；局部电网供电能力不足，存在变电站全停风险，相邻变电站母线工作，存在事故扩大风险	停电项目的协调机制	6. 局部电网内、同一输电通道上的检修工作与新设备启动错开安排。 7. 相邻变电站母线工作错开安排。 8. 检修项目的工期控制。 9. 应避免电磁环网通道中不同电压等级的设备同时停电	
3.2.11	方式安排调整	工作申请票签批流程结束后，或在签批的最后环节，调整了方式安排，不重新履行签批流程	严格执行批复流程	1. 对各专业批注意见有疑问时，必须与相关人员核实。 2. 严格执行批复流程，后续环节对已经签批的方式作调整，应重新履行批复流程。 3. 严禁越权自批申请	
3.2.12	申请单延改期	申请单延改期后，未统筹考虑调整方式安排或未重新履行签批流程	严格执行申请单延改期流程	1. 申请单延改期后，重新履行批复流程。 2. 根据现场情况变化考虑对已经签批的方式重新调整，统筹优化后续停电计划	
3.3	**发用电计划**				
3.3.1	电网负荷预测	负荷预测不准确，日电能调度计划偏差大，机组出力调整幅度大，开停机频繁，导致电网运行不稳定	电网负荷预测准确率	1. 跟踪天气变化。 2. 研究负荷与气温、降雨等天气要素变化的关系。 3. 跟踪各类别、各地区的发、用电变化，重点关注大用户的用电趋势。 4. 充分考虑电网检修、非统调并网光伏、节假日及重大活动对负荷的影响	
3.3.2	母线负荷预测	母线负荷预测不准确，导致电网安全校核不准确	提高母线负荷预测准确率	1. 掌握系统主要节点母线负荷的构成和变化规律。 2. 与电网负荷预测结果相互印证，提高母线负荷预测精度	
3.3.3	机组状态跟踪	因发电机组计划状态与现场设备实际情况不符，导致日电能计划无法执行	跟踪发电机组状态	时刻关注检修计划、调度日志记录和 EMS 系统中发电机组状态信息	

序号	辨识项目	辨 识 内 容	辨识要点	典型控制措施	案例
3.3.4	发电能力预测	因火电燃煤及天然气不足和出力受限、水电机组出力受阻或风电等新能源预测偏差较大,水火电机组开机方式安排不当,导致电网备用不足	核对电煤库存和机组影响出力、水电发电能力,深入开展风功率预测	1. 核对机组影响出力,跟踪火电厂燃煤库存和天然气供应情况。 2. 跟踪水情变化,核对水电厂可调出力和可调发电量。 3. 做好风电等新能源电厂的功率预测工作	
3.3.5	电力电量平衡	因发电能力预测、用电负荷预测、停电计划安排、省际交易计划不协调,导致电网各类型发电计划安排不当,或备用容量不足,增加电网运行风险	发电计划与电网检修计划配合	1. 协调安排发电机组检修计划、启停安排与电网停电计划。 2. 发电机组检修计划、启停安排与电网停电计划的安排应经过安全校核。 3. 核对机组状态,实时掌握机组的运行工况	
3.3.6	旋转备用计划	因备用容量留取不足,或备用机组安排不合理,导致备用容量无法调用,导致系统备用不足	旋转备用管理	1. 电网正负旋转备用应满足要求。 2. 旋转备用容量分配落实到具体机组。 3. 分析地区电网的电力平衡。 4. 及时调整机组启停计划、申请联络线功率调整	
3.3.7	安全校核	日电能计划未经安全校核,或安全校核不准确,导致实际执行时电网潮流越限	进行日计划的安全校核	1. 掌握电网发输变电设备停电计划。 2. 提高母线负荷预测准确率。 3. 根据安全校核结果,调整相关机组出力	
3.4	**计划执行**				
3.4.1	计划协调	日调度计划未经上下级调度协调,导致关联电网电力电量平衡或稳定控制受到影响,调度计划无法实施	强化日计划协调机制	1. 严格执行许可设备和委托调度设备的管理制度。 2. 加强网间、省际电力电量平衡互济的协调	
3.4.2	计划审批	日计划未经审批即交调度执行,导致危险点未及时发现,导致发用电不平衡或计划无法实施	严格执行日计划审批流程	1. 月度计划编制完成后要及时申报流转日停电计划和发用电计划,确保足够的审批时间。 2. 审批人员要认真审批调度计划。 3. 调度员严格把关,只执行审批后的调度计划	

序号	辨识项目	辨 识 内 容	辨识要点	典型控制措施	案例
3.4.3	日内安全校核	日计划调整或电网网络拓扑结构改变后，为进行安全校核，造成计划执行时出现断面潮流越限或系统备用不足等电网安全隐患	严格执行日内安全校核流程	水库来水情况、电网负荷需求及省际交换计划发生较大变化后，需对日计划进行调整，并重新进行安全校核计算，提出新的危险点预警	
4	**系统运行**				
4.1	**参数管理**				
4.1.1	原始参数收集	电网设备参数不完整、数据不准确，导致电网分析结果不正确	核对设备参数	按标准规范核对设备原始参数报送资料	
4.1.2		应使用实测参数的电网设备参数未使用实测参数，导致电网分析结果不准确	把好设备参数实测关，及时用实测参数更新数据库	1. 明确应进行参数实测的电网设备范围。 2. 督促设备运维单位开展参数实测，并及时报送正式的实测数据。 3. 及时用实测参数更新数据库	
4.1.3		大机组未使用建模试验、实测数据，导致计算分析不正确	把好大机组建模、实测试验关	1. 明确应进行建模、实测试验的大机组范围。 2. 督促电厂及时开展机组建模、实测试验，并及时报送正式的试验报告。 3. 及时用建模、实测参数更新数据库	
4.1.4		除直流联网外，未收集区外电网模型参数，电网计算分析不完整	收集区外电网模型参数	1. 制定统一参数表格模板以便于参数收集工作和上下级之间参数的报送和转发。 2. 建立和使用交流互联电网计算数据平台	
4.1.5	参数库管理	参数库信息不能满足电网运行、计算、分析需要，导致电网计算分析无法开展	建立完备的参数库信息，满足电网计算分析要求	1. 根据电网计算、分析需要，建立完整的参数库结构。 2. 设备参数应集中、入库管理	
4.1.6		参数库设备原始参数有误，导致稳定限额计算错误	核对设备原始参数	审核下级调度和运行单位上报的原始参数	
4.1.7		计算参数折算有误，导致稳定限额计算错误	参数折算与复核	1. 应用正确的公式进行参数折算。 2. 参数折算后应进行复核	

序号	辨识项目	辨识内容	辨识要点	典型控制措施	案例
4.1.8	参数库管理	未及时更新计算参数，造成稳定限额计算错误	及时更新参数库	结合新设备投运及时更新、维护参数库	
4.1.9		离线参数、在线参数不一致造成计算结果有偏差	及时更新在线系统相关参数	结合新设备投运及时通知自动化人员更新、维护调度相关在线系统的参数	
4.2	**稳定计算**				
4.2.1	稳定计算内容	未进行电网潮流计算分析，未能及时发现电网运行危险点，导致电网稳定破坏及设备损坏、减供负荷达到国务院599号令《电力安全事故应急处置和调查处理条例》所列事故标准	进行潮流计算分析	1. 针对所辖电网年度、夏季、冬季方式进行潮流分析。 2. 针对所辖电网月度计划检修方式进行潮流分析。 3. 针对所辖电网日前检修方式进行潮流分析。 4. 针对事故预想和特殊方式进行潮流分析。 5. 应用 EMS 系统进行实时潮流计算分析	
4.2.2		未进行电网暂态稳定计算，不能及时发现问题，导致电网稳定破坏	进行暂态稳定计算，根据运行需求选择合适计算频度	1. 针对所辖电网年度、夏季、冬季方式进行暂态稳定分析。 2. 针对所辖电网月度计划检修方式进行暂态稳定分析。 3. 针对所辖电网日前检修方式进行暂态稳定分析。 4. 针对事故预想和特殊方式进行暂态稳定分析。 5. 进行实时暂态稳定计算分析	
4.2.3		未进行短路电流计算，不能及时发现短路电流超标问题，导致电网事故范围扩大	进行短路电流计算及校核	1. 针对年度、夏季、冬季基建投产计划进行一次电网大方式短路电流计算。 2. 结合新设备投产跟踪分析电网短路电流。 3. 动态开展在线短路电流计算。 4. 提出应对短路电流超标的措施及建议	
4.2.4		未进行小扰动动态稳定计算，没有发现弱阻尼或负阻尼小扰动模式，导致系统发生振荡	进行小扰动动态稳定计算	每年应对所辖电网进行动态稳定计算分析，对发现问题提出应对解决方案和措施	

序号	辨识项目	辨 识 内 容	辨识要点	典型控制措施	案例
4.2.5	稳定计算内容	未进行电压稳定计算，不能及时发现电压运行薄弱点，导致电网电压失稳	进行电压稳定计算	1. 根据电网特点，开展丰枯、峰谷、节假日等多方位、多角度的对所辖电网进行电压稳定计算分析，提出针对性调压措施。 2. 针对电网运行方式重大调整及时进行电压计算分析	
4.2.6		未进行频率稳定计算，未合理制定弱联络断面稳定限额，导致 $N-1$ 后局部电网频率失稳	进行频率稳定计算	根据开机情况、负荷特性等对存在孤网运行风险的局部电网进行频率稳定计算	
4.2.7		计算文件中使用的网络拓扑、节点负荷分布等不准确，导致稳定限额错误或减供负荷计算不准确	计算文件使用的网络拓扑正确、节点负荷分布准确	1. 加强计算参数管理，收集新设备启动计划，滚动更新计算参数库和计算文件中网络拓扑。 2. 及时掌握电网设备停电方式，更新计算文件中网络拓扑。 3. 加强各节点负荷分布、母线负荷预测管理	
4.2.8	稳定计算边界条件	未针对实际运行方式，而是套用以往的分析结论或仅凭经验，给出电网运行方式的控制原则，导致稳定限额错误	采用实际运行方式计算	1. 掌握一、二次运行方式，与现场核对设备状态、母线及中性点运行方式。 2. 掌握负荷水平和开机方式。 3. 周全考虑运行方式，严格执行计算分析流程，避免主观臆断。 4. 核对母线等关键设备额定通流能力。 5. 加强审核把关，确保分析结论科学合理	
4.2.9		电网稳定计算时，运行方式考虑不周全，导致稳定限额错误	运行方式考虑周全	1. 对正常运行方式进行计算分析。 2. 对检修方式进行计算分析。 3. 对特殊运行方式进行计算分析	
4.2.10		潮流故障集选取不完整、不准确，导致热稳定计算结果不正确	潮流计算故障集选取完整	进行全网扫描计算，对母线、线路、变压器和发电机组的 $N-1$ 进行计算分析，年度计算还需要考虑同杆线路 $N-2$，避免漏算	

序号	辨识项目	辨 识 内 容	辨识要点	典型控制措施	案例
4.2.11	稳定计算边界条件	暂态故障集选取不完整、不准确，导致暂态稳定计算结果不正确	暂态计算故障集选取完整	进行全网扫描计算，对所辖电网的输电线路和枢纽变电站母线三相永久故障、同杆并架线路异名相故障、单回联络线单相瞬时故障和受端系统中容量最大机组掉闸等故障下的暂态稳定水平进行校核，避免遗漏严重故障	
4.2.12		电压稳定计算故障集选取不完整、不准确，导致电网电压计算结果不正确	电压计算故障集选取完整	1. 对所辖电网正常方式及 N–1 方式进行静态电压稳定裕度分析。 2. 对所辖电网中的发电厂全停进行静态电压稳定分析	
4.2.13		模型、参数选用不正确，导致稳定计算结果不正确	模型、参数选用	1. 正确选用模型。 2. 正确选用参数	
4.2.14	稳定计算准确性	未将潮流仿真结果与实时潮流分布比较，导致稳定限额计算错误	核对潮流仿真准确性	1. 比较潮流仿真结果与实时潮流，寻找偏差。 2. 从拓扑结构、开机方式、负荷分布、设备参数、外网结构等方面分析存在偏差原因，尽量消除潮流仿真偏差	
4.2.15		未将暂态过程仿真结果与实时暂态过程比较，导致稳定限额计算错误	核对暂态仿真准确性	1. 比较暂态仿真结果与 WAMS 记录的暂态过程，寻找偏差。 2. 从模型参数、故障设置等方面分析存在误差原因，尽量消除暂态仿真误差	
4.2.16		未将动态过程仿真结果与实时动态过程比较，导致稳定限额计算错误	核对动态仿真准确性	1. 比较动态时域仿真结果与 WAMS 记录的动态过程，寻找偏差。 2. 从模型参数等方面分析存在误差原因，尽量消除动态仿真偏差	
4.2.17		未将电压稳定计算结果与实际运行电压比较，导致电网电压计算错误	核对电压稳定计算准确性	1. 比较电压稳定计算结果与实际运行电压，寻找偏差。 2. 从拓扑结构、开机方式、负荷分布、设备参数、外网结构等方面分析存在偏差原因，尽量消除潮流仿真偏差	

序号	辨识项目	辨识内容	辨识要点	典型控制措施	案例
4.2.18	稳定计算及时	稳定计算不及时,电网运行问题不能及时发现,导致电网事故	及时跟踪计算稳定限额	紧密结合当前电网运行方式,及时跟踪计算,动态调整电网运行控制原则、策略	
4.2.19	稳定控制措施	未制定控制措施或控制措施不正确,电网运行失去监控目标,导致电网事故	制定稳定控制策略	1. 分析稳定计算结果,发现电网运行薄弱点。 2. 制定完整准确合理的稳定控制措施。 3. 及时下达电网控制措施和限值	
4.3	**安全自动装置**				
4.3.1	装置设计审查	未对安全自动装置配置进行专题计算分析,安全自动装置配置不能满足DL 755—2001《电力系统安全稳定导则》要求	装置配置方案分析	应在新设备投产前进行专题分析,并在专题计算分析的基础上,确定安全自动装置的控制策略和功能要求,拟定安全自动装置技术要求	
4.3.2		安全自动装置实施前未进行设计审查,设计方案及控制策略不能满足技术规程及计算要求	装置配置方案设计审查	安全自动装置的方案应经审查	
4.3.3		未对所辖电网可能出现无功功率缺额的地区装设自动低压减负荷装置,导致电网发生电压崩溃	制定自动低压减负荷方案	对可能出现无功功率缺额的地区电网进行分析,研究制定自动低压减负荷配置方案	
4.3.4		未对所辖电网安排足够的自动低频减负荷容量,导致电网发生频率崩溃	制定自动低频减负荷方案	1. 按照上级调度安排,计算分配所辖电网的自动低频减负荷容量(包括全网以及可能孤立运行的局部地区)。 2. 定期开展装置运行情况、实际控制负荷量、实际负荷控制率统计分析。 3. 重大节日前后,核对减负荷量及实际负荷控制率的变化,是否满足电网要求	
4.3.5		安全自动装置通道不可靠,导致装置误动或拒动	规范通道设计	执行规程标准,对需要通信的双套装置应具有两条不同路由的命令传输通道	
4.3.6		安全自动装置无故障跳闸判据不完善,运行中误判导致安全自动装置不正确动作	安全自动装置判据	应根据电网潮流实际进行元件无故障跳闸判据设置	

序号	辨识项目	辨识内容	辨识要点	典型控制措施	案例
4.3.7	装置功能及控制策略验收和调试	安全自动装置出厂前未进行验收、安装结束后未进行调试，装置功能及控制策略达不到设计要求	装置验收调试	1. 出厂前，组织装置设计、运行及施工承包方、出资方等相关单位进行装置出厂验收。 2. 安装后，组织现场验收试验，记录试验数据，拟写试验报告。 3. 涉及多个厂站的区域稳定控制系统，应组织系统联调	
4.3.8		未制定安全自动装置运行管理规定，导致装置误投停	制定运行规定	制定下达安全自动装置运行管理规定	
4.3.9		未督促运行单位制定现场运行规程，导致装置误投停	制定现场运行规定	督促装置运行单位根据调控机构下达的安全自动装置运行管理规定和定值单，制定安全自动装置现场规定	
4.3.10	装置运行监督	安全自动装置改造后，运行规定和运行说明未及时更新，导致装置运行错误	及时更新规程及说明	装置改造后，及时更新运行规定和说明	
4.3.11		未根据电网运行方式的变化及时调整安全自动装置的控制策略，导致装置误动或拒动	装置控制策略调整	1. 根据电网运行方式的变化，及时调整安全自动装置的控制策略、动作定值。 2. 及时通知调度、保护专业及现场落实执行	
4.3.12		安全自动装置定值单不规范、不清晰、不齐全，导致装置定值错误	制定定值单	认真计算、编制定值单，定值单应规范、清晰、齐全；建立定值单流转、审批、执行、归档流程	
4.3.13		安全自动装置功能压板位置与调令不符，导致装置误动或拒动	核对功能压板状态	定期核查，保证装置功能压板位置与调令一致	
4.4	**日前稳定控制措施**				
4.4.1	稳定控制条件	漏（误）签线路、断面潮流限额、机组运行参数控制条件，导致稳定破坏或设备损坏	正确制定稳定限额	1. 核对电网运行方式。 2. 正确签批线路、断面潮流限额。 3. 正确签批机组运行参数控制条件	
4.4.2	稳定控制系统	工作申请票签批时未考虑相应调整安全稳定控制系统状态、定值，导致稳定破坏或设备损坏	及时调整安控措施	应根据一次方式安排意见校核安全自动装置策略、定值，确定是否对其进行调整	

序号	辨识项目	辨识内容	辨识要点	典型控制措施	案例
4.4.3	电压控制	检修方式的稳定计算未能正确校核电压支撑，导致电压事故	制定电压控制措施	准确预测有功无功负荷，校核电压支撑；制定电压控制措施	
4.4.4	减供负荷控制	工作申请票签批时未完全校核可能出现的减供负荷，导致减供负荷达到《电力事故应急处置和调度处理条例》所列事故标准	计算减供负荷	预测母线负荷，计算可能出现的减供负荷，并制定预控措施或提前转移负荷，必要时通知用户控制负荷	
4.5	**新设备启动**				
4.5.1	新设备命名编号	新设备启动前没有及时进行设备命名编号，或命名重复、混淆、不符合标准导致误操作	明确新设备命名编号	1. 在审核资料齐全后两周内编制完成新设备调度命名编号文件初稿。 2. 新设备单位负责新设备调度命名编号文件初稿的现场核对，并反馈书面盖章的确认材料。 3. 根据现场核对书面确认材料，并完成各相关专业会签后，下达新设备调度命名编号正式文件。 4. 新设备命名编号不得发生命名重复、容易混淆、不符合命名规范等安全隐患	
4.5.2	新设备调度管辖范围	新设备启动前没有及时划分设备管辖范围，造成混淆，导致误操作	新设备管辖范围划分	应在设备命名编号文件中，明确新设备调度管辖范围，并在发文时送达相关各单位	
4.5.3	新设备启动流程	专业执行新设备启动流程不到位，相关厂站接线图、电网设备参数、EMS中接线图、配网接线图和稳定限额等不能及时更新，导致运行方式误安排、调度误操作	完善新设备启动流程	1. 严格执行新设备启动流程。 2. 定期编制所辖电网主接线图，新改扩建工程投产前及时更新。 3. EMS中接线图、稳定限额、配网接线图等在启动前更新	
4.5.4	审核启动送电范围与试验项目	启动送电范围不明确、启动试验项目不明确，导致启动方案误安排、漏项	明确启动送电范围及项目	1. 与项目管理单位和上下级调度明确启动送电范围。 2. 与项目管理单位和上下级调度核对启动试验项目	
4.5.5	启动方案编制	新设备启动前未编制调度启动方案，导致调度误操作	制定启动方案	提前完成新设备调度启动方案的编制、审核、批准和下达，使相关单位、部门提前熟悉启动方案并做好准备	

序号	辨识项目	辨识内容	辨识要点	典型控制措施	案例
4.5.6	启动方案内容	启动方案的启动送电范围不明确、应具备条件不明确、启动前应汇报内容不明确、送电步骤不明确，导致调度误操作	审核启动送电方案内容	1. 明确启动送电范围。 2. 明确启动前应具备的启动条件。 3. 预计启动时间。 4. 明确启动前汇报时间、汇报单位和汇报内容。 5. 明确启动试验项目、内容及步骤。 6. 明确启动送电步骤	
4.5.7	启动方案交底	启动前专业沟通欠深入，导致调度误操作	启动方案交底	1. 新设备启动前向调度员交底。 2. 新设备启动前做好上下级调度及设备运维单位的沟通	
4.5.8	与用户配合协同	启动方案编制时与用户沟通不够，未审核用户内部启动方案，出现断层，导致调度误操作或影响人身安全	加强对用户设备启动的指导和管理	1. 启动方案编制时加强与用户的沟通交底。 2. 审核用户内部启动方案，加强对用户设备启动的指导和管理	
4.5.9	启动方案变更	启动过程中现场出现特殊情况方案无法进行，未及时与现场沟通，随意进行方案变更，导致调度误操作或影响人身、设备安全	关注设备启动过程	1. 设备启动时严格执行到岗到位制度，关注设备启动过程。 2. 启动方案需变更时加强与相关单位、部门、专业沟通会商，确保变更后方案的正确性和可行性。 3. 启动方案需变更需得到启动委员会同意	
4.6	**网源协调**				
4.6.1	机组并网试验	未对机组进行进相、励磁系统、调速系统和PSS等并网试验，导致励磁系统、调速系统和PSS并网后不能正常运行	组织并网试验	1. 对新建机组、改造机组进行励磁系统、调速系统和PSS并网试验，包括一次调频、进相、低励限制、建模等试验，并按规定开展复核性试验。 2. 对于直流受端电网等应重视验证低励限制动作时励磁辅助控制环与PSS配合的稳定性。 3. 审核试验方案。 4. 审核试验报告	

序号	辨识项目	辨 识 内 容	辨识要点	典型控制措施	案例
4.6.2	机组涉网保护定值	未对机组高频率等涉网保护的配置和定值进行审批或备案，导致相关保护配置和定值不能满足电网运行要求	审核或备案涉网保护	对并入所辖电网的发电机组高频率、低频率、高电压、低电压、失磁、失步等有必要列入监督范围的机组保护的配置和定值进行审核或备案，并建立台账	
4.6.3	涉网设备状态	未能了解励磁系统和 PSS 状态，导致励磁系统和 PSS 不能正常投入	励磁系统和 PSS 状态	掌握所辖电网发电机组励磁系统和 PSS 状态，实时上传 PSS 投运状态信息	
4.6.4	电源涉网关键控制设备入网检测	缺少励磁、调速、逆变器等机组涉网关键控制设备入网检测报告，导致入网设备不能满足电网运行要求	审核励磁、调速、逆变器等机组涉网关键控制设备入网检测报告	加强励磁、调速、逆变器等机组涉网关键控制设备入网管理，审核设备入网检测报告	
4.7	**年度方式**				
4.7.1	年度方式收资	年度方式资料收集不完整、不准确，导致年度方式分析不全面	核对收集相关资料	督促各有关部门应按规定的时间和要求提供年度方式编写相关资料	
4.7.2	年度方式编制和审查	未按要求编制年度方式，对下级调控年度方式审查不到位，未组织年度方式汇报会，影响全年方式统筹安排	强化年度方式编制及审查制度	1. 在上级调控的统筹协调下开展本网运行方式工作，每年按照统一的时间、内容、计算要求编制年度方式报告。 2. 向公司主要负责领导及相关部门汇报年度方式。 3. 协调审查下级调控运行方式工作	
4.7.3	措施建议落实情况	未根据年度方式分析结果提出合理的措施建议，未跟踪督促措施建议的落实，造成电网存在问题无法解决，影响电网安全	跟踪督促措施建议的落实	1. 根据年度方式分析结果提出合理的措施建议。 2. 结合措施建议推进相关项目的立项、建设和投产。 3. 对年度方式措施建议的落实情况进行跟踪统计	

序号	辨识项目	辨识内容	辨识要点	典型控制措施	案例
4.7.4	年度方式计算分析	未按照统一要求进行年度方式计算分析，计算分析深度不够	强化年度方式计算分析深度	1. 按照全网统一计算程序、统一数学模型、统一技术标准、统一计算条件和统一运行控制策略的要求开展年度方式计算。 2. 每年组织进行一次年度运行方式计算分析深度的后评估，编制后评估分析报告	
4.8	**配网运行方式安排**				
4.8.1	配网设备输送限额管理	配网线路限额资料收集不完整或未及时更新，方式安排时未考虑线路限额，造成电网事故或设备损坏	规范配网设备输送限额管理	1. 加强配网设备输送限额管理。 2. 根据设备部门发布的线路长期运行限额，滚动更新配网线路限额参数。 3. 严格按照线路限额调整运行方式	
4.8.2	优化配网运行方式	未根据线路异动和负荷增长及时调整配网运行方式，方式安排无法满足不同重要等级用户的供电可靠性和电能质量要求，双电源用户实际单电源供电	保证配网运行方式的可靠灵活	1. 根据线路异动及时优化配网运行方式。 2. 方式安排时要满足不同重要等级用户的供电可靠性和电能质量要求。 3. 确保双电源用户的供电可靠性	
4.8.3	配网运行方式临时调整	未根据主网运行方式变更单或保电申请单等及时调整配网运行方式，未按时流转至配网调控，造成方式安排错误	及时发布配网运行方式变更单	1. 按照保电申请单，强化保电线路供电可靠性，编制配网运行方式变更单。 2. 根据主网运行方式变更单编制配网运行方式变更单。 3. 配网运行方式变更单需提前一天流转至配网调控	
4.9	**黑启动**				
4.9.1	机组黑启动试验	未进行机组黑启动试验，或机组试验不合格	严格黑启动试验审查	1. 应每年确定为黑启动电源的水电机组、燃气机组进行一次黑启动试验。 2. 对黑启动试验报告进行审查	
4.9.2	黑启动方案编制	未编制黑启动方案或启动方案编制后未落实到相关部门	做好黑启动方案编制和落实工作	1. 按照上级调控要求编制所辖电网全部停电后的黑启动方案。	

序号	辨识项目	辨识内容	辨识要点	典型控制措施	案例
4.9.2	黑启动方案编制	未编制黑启动方案或启动方案编制后未落实到相关部门	做好黑启动方案编制和落实工作	2. 按照上级调控要求编制所辖电网局部地区（包括含有电网的小地区）停电后的恢复送电方案。 3. 做好黑启动方案和局部地区送电方案的落实工作	
4.10	**风险预警**				
4.10.1	电网风险预警发布	电网薄弱方式下未及时发布电网调度风险预警，造成电网安全隐患	严格执行电网调度风险预警管理标准	1. 建立电网调度风险预警管理标准，及时发布电网风险预警，明确风险预控要求。 2. 制定电网风险预控措施。事故后负荷损失可能达到《国家电网公司安全事故调查规程》事故标准的，提前落实风险报备、做好负荷转移工作；影响电网或局部地区安全稳定运行和可靠供电的，需事先编制有序用电、错避峰方案并予以落实；事故后可能造成供电缺额的，需提前落实足够容量的紧急拉限电容量。 3. 针对不同风险等级，提出特保、特巡、巡视、加强监控及抢修准备等要求。 4. 制定变电站防全停措施	案例5、案例6
4.10.2	高危客户风险预警	高危客户供电方式薄弱，未采取措施，造成供电隐患	加强防控措施	1. 熟悉高危客户供电途径。 2. 及时发布高危客户风险预警。 3. 合理调整高危客户供电方式	案例5
4.10.3	电网风险预警落实反馈	未对相关单位风险预控措施落实情况进行确认，造成电网安全隐患	落实闭环管理	1. 督促和确认相关单位对风险预控措施落实情况及时反馈。 2. 检查相关单位风险预控措施落实情况反馈信息填写规范性	

序号	辨识项目	辨 识 内 容	辨识要点	典型控制措施	案例
5	**水电及新能源**				
5.1	**气象信息及水情、风情、辐照度预报**				
5.1.1	气象信息及水情、风情、辐照度预报	因天气预报信息准确率低，来水、来风及辐照度预测和实际值偏差较大，导致水电及新能源日电能计划难以执行	跟踪天气预报及来水、来风及辐照度预报	1. 跟踪天气预报和实时气象信息。 2. 跟踪来水、来风及辐照度预报，做好功率预测修正。 3. 实时掌握水电厂的雨情、水情信息、风电场风况、光伏辐照信息。 4. 向调度提出水电及新能源发电修改建议	
5.2	**水电及新能源调度运行**				
5.2.1	水电及新能源发电能力分析	因水电、来风及辐照发电能力不足，造成水电及新能源调峰能力不足或影响发用电平衡	评估水电及新能源发电能力	1. 合理安排有调节性能水电站的发电，避免有调节性能的水库水位长期在降低出力区运行。 2. 水电站水库调度运行中，除特殊情况外，最低运行水位不得低于死水位；多年调节水库在蓄水正常情况下，年供水期末库水位应控制不低于年消落水位。 3. 若各大水库较长时间来水少，水电库存电量无法满足发电平衡，甚至失去水电顶峰发电或事故备用的能力，及时提出控制水电发电预警。 4. 做好水电及新能源发电能力预测，提高预测精度	
5.2.2	洪水调度	洪水调度职责属于公司系统的水库，因洪水调洪不当，造成最大出库流量超过最大入库洪峰流量	跟踪预报入库洪峰流量和峰现时间	1. 根据天气预报，合理安排洪前发电预腾库。 2. 优化洪水调度，根据洪水预报提出预报预泄方案，避免出现最大出库流量超过最大入库洪峰流量	
5.2.3	防汛安全	未严格执行政府批复的洪水调度方案，可能造成防汛安全	执行洪水调度方案	1. 熟悉经政府批复的洪水调度方案，并严格执行。 2. 加强汛期值班，加强与防汛、气象部门联系，及时掌握最新防汛信息。 3. 加强各方对洪水调度方案执行的监督	

序号	辨识项目	辨 识 内 容	辨识要点	典型控制措施	案例
5.2.4	防抗台风	因没有及时启动台风应急预案,影响电网安全稳定运行	跟踪台风路径	1. 跟踪台风路径,根据实际情况及时启动防抗台风预案。 2. 根据台风预报,合理调整水火电及新能源开停机和电网潮流	
5.2.5	综合利用	发电流量无法满足航运计划要求	发电流量兼顾满足综合利用要求	1. 根据主管部门批准并经调控机构认可的综合利用计划,合理安排发电计划,满足水库设计的综合利用要求。 2. 实际调度过程中进行计划跟踪调整	
5.2.6	分布式电源				
5.2.6.1	分布式电源并网线路检修	并网线路检修,并网开关未隔离,造成对检修线路送电	正确填写线路检修操作方案	1. 熟悉分布式电源电站的运行方式,提前通知值班人员检修计划。 2. 按操作规定正确填写操作任务票,在相关设备停役前完成分布式电源解列操作,在相关设备复役后分布式电源方可并网,防止因倒送电造成人身、电网、设备事故。 3. 要求分布式电源值班人员按操作任务票配合进行操作	
5.2.6.2	接有分布式电源的配电网故障	接有分布式电源的配电网发生故障	正确发布调度指令	在威胁电网安全的紧急情况下,采取调整分布式电源发电出力、发布开停机指令、对分布式电源实施解列等必要手段确保和恢复电网安全运行	
5.2.6.3	分布式电源的孤岛运行	配电网故障后分布式电源孤岛运行	优化孤岛策略	1. 要求分布式电源必须具备防孤岛能力。 2. 优化孤岛划分策略,当电网发生故障时,切除相关分布式电源,保证故障后配电网的供电可靠性。 3. 分布式电源因电网发生扰动脱网后,在电网电压和频率恢复到正常运行范围之前不允许重新并网	

序号	辨识项目	辨 识 内 容	辨识要点	典型控制措施	案例
5.2.6.4	分布式电源承载力	分布式电源接入地区电网的承载力不足	评估地区分布式电源接入电网的承载力	1. 明确待评估地区电网范围，画出待评估地区电网拓扑图。 2. 按照电压等级从高至低分层进行评估。 3. 开展热稳定、短路电流及电压偏差计算分析，确定待评估地区可新增分布式电源容量。 4. 给予地区政府和公司有关部门分布式电源接入建议，促进分布式电源健康有序发展	
5.3	**水电及新能源并网管理**				
5.3.1	机组或逆变器高、低电压穿越能力	不具备高、低电压穿越能力，造成脱网事故检查核对参数看是否具备高、低电压穿越能力	正确填写线路检修操作方案	1. 具备高、低电压穿越能力的机组才允许并网。 2. 不具备高、低电压穿越能力的必须按规定进行改造并检测合格	
5.3.2	动态无功补偿	不具备动态无功补偿，影响并网点电压	检测核对无功补偿设备是否按要求配置	1. 具备动态无功补偿的风电场才允许并网。 2. 不具备动态无功补偿的必须按规定进行改造并检测合格	
5.3.3	汇集系统单相故障快速切除	不具备单相故障快速切除，导致故障扩大	检查核对接地方式，看是否具备单相故障快速切除	1. 检查核实接地方式，具备单相故障快速切除功能才允许并网。 2. 不具备单相故障快速切除功能的应按规定改造并测试合格	
5.4	**调度控制系统水电及新能源模块**				
5.4.1	系统维护	数据中断、数据不正确、数据不准时、系统停运，影响水电及新能源调度	核查系统运行情况	1. 每日检查系统运行情况，对数据的畅通率、准确率、及时率进行分析。 2. 加强系统维护，对存在的缺陷及时消缺处理	
5.4.2	二次安全防护	调度控制系统水电及新能源模块由于二次安全防护问题造成系统故障，影响水电及新能源调度	二次安全防护检查	1. 定期进行反病毒软件的升级和病毒库的更新。 2. 定期升级系统补丁和修复系统漏洞。 3. 加强移动介质管理。 4. 定期对系统数据及配置进行备份	

序号	辨识项目	辨 识 内 容	辨识要点	典型控制措施	案例
6	**继电保护**				
6.1	**继电保护整定计算**				
6.1.1	装置原理	对继电保护装置原理、二次回路接线不了解，导致误整定	熟悉装置原理和二次回路	1. 整定人员应按照行业和企业相关技术标准要求收集工程资料。 2. 整定人员应接受新设备培训，熟悉装置原理。 3. 整定人员掌握二次设备构成、功能、动作逻辑等原理。 4. 熟悉二次设备回路原理接线	
6.1.2	原始参数	设备原始参数错误，导致误整定	核查参数	1. 建立参数档案。 2. 整定计算系统参数应与原始档案保持一致，参数修改应有记录并可追溯。 3. 落实设备参数报送单位正确提供参数的责任。 4. 落实资料提供单位提交工程资料时限要求，保障整定计算合理工期	
6.1.3	实测参数	未采用实测参数进行复核计算，导致误整定	使用实测参数	1. 应使用实测参数对保护定值进行计算复核。 2. 暂时无法实测参数的，应确保定值计算正确，并由相应主管部门确认并备案说明。 3. 实测参数与理论参数或同类型参数差异较大，应由参数上报部门核实	
6.1.4	保护说明书等技术资料	保护说明书与现场二次设备不符，导致误整定	核查说明书和其他技术资料	1. 原则上按照装置打印定值清单出具保护调试定值单。 2. 整定人员应及时收集保护调试定值单的调试执行情况。 3. 应保存好保护设备开箱说明书，并确保保护说明书与现场二次设备一致	

序号	辨识项目	辨 识 内 容	辨识要点	典型控制措施	案例
6.1.5	图纸资料	图实不相符，导致误整定	核查图纸资料	1. 具备完整的正式设计图纸，及时掌握现场图纸修改情况及变更原因；现场接线与施工图纸不符，应由设计院出具变更说明。 2. 整定计算前须查阅设计图纸	
6.1.6	运行整定规程	未执行继电保护运行整定规程，导致误整定	执行规程规定	1. 按照行业和企业相关技术标准进行整定计算。 2. 应编制包含计算过程及计算结论的整定计算书	
6.1.7	电网运行方式	整定计算未考虑各种常见电网运行方式及特殊运行方式，导致误整定	熟悉电网运行方式，合理进行整定计算	1. 应熟悉本网电网主接线及各种运行方式。 2. 应根据各种常见电网运行方式进行整定计算，并对特殊运行方式进行校核，应避免出现不满足整定计算要求的运行方式。 3. 确认发电厂（场、站）最大最小开机方式、变压器中性点接地方式等	
6.1.8	整定流程	整定计算无复算、审核、批准程序，导致误整定	执行整定计算流程	1. 整定计算必须有专人复算，履行整定计算书、整定通知单计算、复算、审核、批准手续。 2. 各级调控机构按照调度管辖范围，依据《电网继电保护装置运行整定规程》（DL/T 559—2007）、《国家电网继电保护整定计算技术规范》（Q/GDW 10422—2017）、《省、地、县继电保护一体化整定计算细则（试行）》等技术标准，开展整定计算和定值管理工作，县调负责调管范围内整定计算的收资和计算，地调负责所辖县调整定计算业务的复算、审核和批准	
6.1.9	边界定值核算	边界保护定值未及时核算调整，导致保护定值结果不满足电网运行要求	及时核算调整边界定值	1. 定期或运行方式有重大变化前，应重新核算和调整边界定值。 2. 应及时向相关调控机构、并网电厂（场、站）及重要用户提供等值阻抗和有关保护定值限额。	

序号	辨识项目	辨识内容	辨识要点	典型控制措施	案例
6.1.9	边界定值核算	边界保护定值未及时核算调整，导致保护定值结果不满足电网运行要求	及时核算调整边界定值	3. 涉及整定分界面的调控机构间应定期或结合基建工程进度相互提供整定分界点的保护配置、设备参数、系统阻抗、保护定值及整定配合要求等资料。 4. 本级电网保护定值应满足上级调控机构给定的定值限额	
6.1.10	保护通道使用	未正确掌握线路保护通道信息，导致误整定	掌握线路保护通道类型	1. 掌握通信管理部门的高频通道频率分配使用情况。 2. 掌握保护光纤通道的通信方式。 3. 掌握双通道线路保护装置通道分配情况。 4. 掌握不同通道方式下的线路保护定值整定，允许式和闭锁式设定不得错误	
6.1.11	保护 TA 变比	TA 变比设定不正确，导致误整定或 TA 不满足运行要求	核查 TA 变比	1. 定值单中明确 TA 变比。 2. 核对 TA 变比满足运行要求。 3. 现场应确保实际 TA 变比与定值单一致	
6.1.12	整定计算工作范围	整定计算工作范围不全，出现遗漏	熟悉各基（改）建工程内容，核实其影响范围，调度管辖范围调整后及时进行定值复核	1. 参加工程启动、停电方案审核等相关会议，审核启动方案、改造方案、停电计划以及非正常方式安排。 2. 对工程内容、影响范围进行分析，明确工作范围、内容以及计划。 3. 调度管辖范围变更时，应同时移交有关图纸、资料，由接管单位复核定值并完成定值的重新下发工作	
6.1.13	整定计算系统模型	整定计算系统模型与实际不符	及时更新整定计算系统模型	1. 电网模型、保护配置等发生变化时，应根据规范及时调整、修改整定系统计算模型，在整定计算系统中应有记录并可追溯。 2. 定值复算、审核、批准环节认真核查模型调整情况	

序号	辨识项目	辨 识 内 容	辨识要点	典型控制措施	案例
6.1.14	系统电抗（等值）	系统电抗（等值）计算错误	准确计算、及时更新	1. 熟悉电网运行方式，积极与方式专业沟通，确定系统正常以及检修方式，确定系统电抗计算原则。 2. 电网结构、运行方式、设备等发生变化时，及时计算、更新系统电抗。 3. 系统电抗发生较大变化时及时校核相关定值、上报或下发系统电抗	
6.2	**继电保护定值**				
6.2.1	定值单规范	保护定值单不规范、不清晰、不齐全，导致现场误整定	定值单内容规范	1. 规范保护定值单内容，至少包括定值单编号，执行日期，设备名称，保护装置型号，微机保护软件版本号，保护使用的 TA、TV 变比，定值说明等。 2. 定值单流转各环节人员签字应齐全。 3. 对定值单的控制字宜给出具体数值。 4. 定值应根据装置要求标明一、二次值	
6.2.2	定值单下发	定值单缺漏或下发不及时，导致电网事故或现场误整定	定值单齐全并及时下发	1. 定值单应及时下发现场执行。 2. 核查下发定值单无缺漏	
6.2.3	定值单回执	定值单问题未反馈，导致误整定	定值单回执规范、及时	1. 应制定继电保护定值通知单管理制度。 2. 实行定值单流程电子化闭环管理。 3. 现场定值执行中定值变更应及时反馈，定值单回执应记录执行人员、运行人员、调度人员名单、执行时间及执行情况。 4. 定值单回执应严格按规定时间上报整定部门	
6.2.4	定值单保存	有效定值单与作废定值单未区分，导致现场误整定	作废定值单标识	1. 作废定值单有明显的作废标识。 2. 有效定值单及时归档，同时隔离作废定值单	
6.2.5	定值单核对	现场定值单与调度不一致，导致误整定	每年进行一次定值单的全面核对	1. 应定期开展定值单核对工作，现场与调度核对定值单编号是否一致。	

序号	辨识项目	辨 识 内 容	辨识要点	典型控制措施	案例
6.2.5	定值单核对	现场定值单与调度不一致，导致误整定	每年进行一次定值单的全面核对	2. 现场对照定值单，核对装置定值是否与定值单一致。 3. 现场对照定值单，核对压板投退是否与定值单一致	
6.2.6	涉网保护定值管理	未对下一级电网、并网电厂（场、站）及重要用户等值阻抗和有关保护定值进行管理，导致安全隐患	管理有关保护定值	1. 及时向下一级电网、并网电厂（场、站）及重要用户提供等值阻抗和有关保护定值限额。 2. 并网电厂（场、站）涉网继电保护定值应有完整的整定计算资料，保护定值计算、整定应正确无误，书面整定计算资料及定值单应有完备的审批手续。 3. 加强并网电厂（场、站）及重要用户涉网保护定值报备管理	
6.3	**继电保护运行**				
6.3.1	整定方案及调度运行说明	未及时修订整定方案及调度运行说明，导致安全运行隐患	制定并按要求及时修订整定方案及调度运行说明	1. 整定方案及调度运行说明制定或修订应有审核、批准流程。 2. 保护失配和保护装置问题带来的调度操作注意事项等应及时制定或增补进调度运行说明。 3. 新设备投运和保护装置更换后，应及时制定或修改调度运行说明	
6.3.2	运行方式变更时的定值校核	运行方式变更时，保护定值未及时校核与调整，导致保护定值不满足电网运行要求	运行方式变更及时校核调整定值	1. 运行方式变更时，应重新校验定值计算结果。 2. 定值需要调整的，应及时出具保护定值单	
6.3.3	保护检验管理	保护超周期运行，导致保护不正确动作	保护按周期及时检验	1. 制定保护检验管理制度，组织制定、修订保护检验规程、标准化作业指导书（卡）。 2. 审查电网保护检验计划，核实保护检验完成情况。 3. 执行二次设备状态检修管理制度，以年度继电保护状态检修评价报告为依据，制定二次设备检修计划和技术改造项目	

序号	辨识项目	辨 识 内 容	辨识要点	典型控制措施	案例
6.3.4	保护缺陷处理	继电保护装置的缺陷处理不及时，保护处在不正常运行状态，导致保护无法正确动作	保护缺陷及时处理	1. 建立设备缺陷台账。 2. 及时分析、处理缺陷，防止设备长时间带病运行。 3. 关注快速保护缺陷，避免快速保护退出超过24小时。 4. 编制继电保护运行分析报告，推行设备分析制度。 5. 对运行状况较差的保护设备及时安排技改	
6.3.5	故障信息管理系统维护	主站系统故障录波器和故障信息系统的数据库、操作系统没有及时升级，不符合安全防护要求，故障信息无法实时到达调度台，导致延误事故处理	跟踪维护故障信息管理系统	1. 维护二次设备在线监视与分析模块的数据库。 2. 跟踪现场二次设备缺陷处理。 3. 二次设备在线监视与分析模块应严格按照公司有关网络安全规定，做好有关安全防护。 4. 新装置必须满足网络安全规定方可接入在线监视与分析模块	
6.3.6	相关专业配合	专业界面不清晰，配合机制不完善，导致电网事故或安全隐患	制定并完善专业间的配合管理机制	1. 制定并完善与通信、自动化等专业及与互感器和断路器等一次设备的协同管理机制。 2. 执行智能变电站保护运行管理机制	
6.3.7	人员培训	继电保护专业人员对新设备、新技术了解程度不够，导致电网事故或发生"三误"	加强对继电保护专业人员的培训工作	1. 继电保护人员应接受新设备培训，掌握二次设备构成、功能、动作逻辑等原理。 2. 继电保护人员应接受智能变电站等新技术培训，加强与通信、自动化等相关交叉专业的知识培训	
6.3.8	分布式电源接入配电网时的保护管理	分布式电源接入配电网时的保护配置不合理、变电站接入分布式电源总容量超出规定，导致电网事故	加强对分布式电源入网管理	1. 参与分布式电源接入系统继电保护专业审查、保护配置等工作。 2. 严格按照相关文件要求控制变电站分布式电源接入总容量。 3. 配电网线路上有分布式电源接入时，应及时校核变电站出线开关保护定值	

序号	辨识项目	辨 识 内 容	辨识要点	典型控制措施	案例
6.3.9	保护装置家族性缺陷	未及时认定、整改保护装置家族性缺陷	各级调控中心负责组织落实保护装置家族性缺陷反事故措施要求并进行监督检查	1. 发现疑似家族性缺陷后应及时上报上级调控机构。 2. 及时开展保护装置家族性缺陷排查。 3. 统筹制定调度管辖范围内反事故措施整改计划并组织实施。 4. 在反事故措施实施前应采取有效的临时技术、管理措施，降低保护缺陷可能对电网造成的影响，同时加强缺陷设备的监视及运行维护	
6.4	**继电保护技术监督**				
6.4.1	反事故措施	反事故措施执行不到位，导致电网事故	严格执行反事故措施	1. 贯彻落实专业反事故措施，及时制定本电网反事故措施。 2. 制定反事故措施的实施方案，掌握反事故措施落实情况	
6.4.2	保护选型配置	保护选型配置错误，产生电网安全隐患，导致电网事故	执行保护选型规定	1. 参加基建工程初步设计审查，按有关规程规定要求对保护配置、选型提出审查意见。 2. 审核技改工程保护选型、配置方案，对涉及牵引站等特殊工程的，应配置专用继电保护装置。 3. 在变电站新建及改扩建工程中，涉及线路保护两侧配合，应严格按相关文件执行。 4. 参与基建和技改工程保护设备招标工作	
6.4.3	软件版本管理	微机保护装置软件版本不受控，导致电网事故	规范微机保护软件版本管理	1. 严格微机保护软件版本异动和受控管理。 2. 定期核实电网微机保护软件版本。 3. 定期组织发布电网微机保护软件版本	
6.4.4	保护技术改造	对存在严重缺陷和超期服役设备未及时安排改造，导致电网事故	安排保护技术改造	1. 依据年度继电保护状态检修评价报告，确定二次设备状态。 2. 及时编制存在严重缺陷和超期服役保护设备的改造计划，并督促实施	
6.4.5	事故调查分析	事故调查分析不到位，导致安全隐患未消除	严格执行事故调查规程	1. 组织并参与继电保护事故调查。 2. 分析保护不正确动作原因，制定反事故措施并督促实施	

序号	辨识项目	辨 识 内 容	辨识要点	典型控制措施	案例
6.4.6	保护通道配置	保护通道配置存在问题，导致电网事故或非计划停役	严格执行通道配置规定	1. 220kV 及以上系统的保护通道应满足继电保护双重化配置要求。 2. 电流差动保护尽量采用点对点路由，确保收发路由一致。 3. 光纤通道应符合《国调中心、国网信通部关于印发国家电网有限公司线路保护通信通道配置原则指导意见的通知》（调继〔2019〕6 号）的要求	
6.4.7	新保护装置入网	首次投入电网运行的新型保护未经相应部门审定，保护存在安全隐患，导致设备故障时保护误动、拒动	首次入网保护审定	1. 入网运行的保护装置应满足标准化设备规范等有关要求。 2. 220kV 及以上系统的保护装置应通过国家级或国家电网公司级设备质量检测中心的检测试验。 3. 智能变电站的合并单元、智能终端、过程层交换机应采用通过国家电网公司组织的专业检测的产品。 4. 首次投入电网运行的保护装置，必须有相应电压等级或更高电压等级电网试运行经验，并经电网调度部门审定	
6.4.8	并网电厂及重要用户管理	并网电厂及重要用户管理不规范，导致厂网事故	纳入电网统一管理	1. 并网电厂及重要用户应纳入电网统一管理，执行专业技术规程、标准规范及反事故措施要求。 2. 应参与并网电厂及重要用户继电保护可研初设审查、设备配置选型等工作。 3. 对并网电厂及重要用户进行继电保护技术监督管理，开展保护事故分析，制定反事故措施。 4. 加强对光伏、风电等新型能源发电项目并网管理，按专业技术规程、标准规范要求审查涉网设备继电保护装置配置选型	

序号	辨识项目	辨 识 内 容	辨识要点	典型控制措施	案例
6.5	**检修工作申请单**				
6.5.1	保护意见批复	误签投退保护,保护旁代操作步骤错误,主网设备启动和运行过程失去快速保护等问题,导致电网事故或障碍	慎重批复保护意见	1. 全面了解申请单的工作内容后再批复意见。 2. 对涉及停役的设备、对系统的影响等要全面考虑。 3. 按照保护运行规定,统一、规范填写保护批复意见,如保护定值采用一次值应明确说明。 4. 严格执行所在单位检修单批复制度	
6.5.2	保护装置名称	保护装置名称错误,未使用保护规范名称,导致误操作事故	规范使用保护名称	规范使用保护调度术语,避免歧义	
6.5.3	运行方式检查	一次系统元件停役超过保护整定许可的方式、机组停机低于保护灵敏度要求的最小开机方式,导致保护失配	检查批复的运行方式	确保一次系统元件停役不超过保护整定许可的方式、机组停机不得低于保护灵敏度要求的最小开机方式	
6.5.4	临时定值调整	临时定值调整错误,造成电网事故或障碍	临时调整定值应有依据	1. 根据方式变化或安全稳定要求,确定临时调整定值。 2. 系统方式恢复时临时定值应及时改为原定值。 3. 应考虑临时定值与相邻元件定值配合关系	
6.5.5	主保护	主保护退出,导致电网稳定事故	执行主保护退出运行规定	1. 双重化配置的主保护,应保证至少有一套主保护正常投入。 2. 主保护均退出时,应根据稳定要求调整保护定值或停运一次设备	
6.5.6	母线保护	母线保护安排不合理,导致电网稳定事故	按稳定要求安排母线保护投停	1. 配置双套母差保护的变电站,应保证有一套母差保护能够正常投入。 2. 变电站失去母差保护时,对于3/2接线方式应停运相应的一次设备,对双母线接线应根据稳定要求调整保护定值	
6.5.7	重合闸方式	重合闸投退错误,全电缆线路误投重合闸,单重方式误投三重方式等,导致线路停役	熟悉线路重合闸投退要求	严格检查线路重合闸投退方式,避免误投退重合闸或重合闸方式错误	

序号	辨识项目	辨 识 内 容	辨识要点	典型控制措施	案例
6.5.8	主变压器中性点	主变压器中性点安排错误,导致不满足保护要求	执行中性点接地规定	根据变电站内主变压器、母线运行方式,确定主变压器中性点接地方式,保持接地阻抗相对稳定	
6.5.9	有关设备停役会签	电压互感器、光纤通道、直流系统等影响继电保护运行的设备停役,没有签批继电保护专业意见,造成保护运行障碍	关注保护有关设备的停役	1. 应关注电压互感器、光纤通道、直流系统设备停役的申请单申报。 2. 应签批设备停役后对保护影响的意见	
6.6	**新设备启动**				
6.6.1	保护设备命名	没有及时进行保护设备命名,导致电网事故或障碍	保护设备及时命名	明确保护新设备并提前完成保护设备命名	
6.6.2	启动方案	保护配合方案不合理,导致保护不正确动作	提供保护配合方案	1. 参与编制新设备启动方案,明确保护试验范围和向量测试内容。 2. 保护配合方案应合理,确保运行系统与调试系统的保护配合。 3. 与运行方式专业充分沟通,运行方式安排应兼顾保护专业要求	
6.6.3	新投备投产条件	新设备不具备投产条件,导致电网事故或保护不正确动作	确认新设备具备投产条件	1. 二次设备应与一次设备同时具备投产条件。 2. 确认保护装置及其相关二次回路、通道调试合格。 3. 核实继电保护工程验收情况,继电保护验收试验项目应齐全、完整	
6.6.4	重要工程现场验收	重要工程未参与现场验收,导致电网事故或安全隐患	参与重要工程的现场验收	1. 核查保护设备安装调试质量。 2. 检查现场新保护设备投产交底相关工作,相关技术资料应完整正确并完成交接。 3. 严把新保护设备投产验收关,组织对继电保护装置、二次回路进行整组及重要功能的测试工作	案例7、案例8

序号	辨识项目	辨 识 内 容	辨识要点	典型控制措施	案例
6.6.5	临时过流保护投退	新设备临时过流保护定值整定错误，躲不过正常穿越功率、或对被保护设备无灵敏度、启动结束后没有及时退出，导致保护误动或拒动	启动过程临时后备保护的定值及投退	1. 核查新设备临时过流保护整定值，确保躲过正常穿越功率、并对被保护设备有足够灵敏度。 2. 临时过流保护启动结束后应及时退出	案例 9
6.7	**继电保护现场工作**				
6.7.1	参加现场工作	参加现场工作指导不遵守安全规定，导致误碰	现场工作遵守安全规定	1. 执行《继电保护和电网安全自动装置现场工作保安规定》(Q/GDW 267—2009)。 2. 未经运行人员许可不得触及运行设备。 3. 不违规参与保护装置的投停操作。 4. 相邻的运行柜(屏)前后应有"运行中"的明显标志(如红布帘、遮栏等)，工作人员在工作前应确认设备名称与位置，防止走错间隔。 5. 正确佩戴劳动防护用品	
6.7.2	现场作业管理	现场工作中施工方案不完备、安全措施不到位，作业不规范，导致电网事故	加强现场作业管理，规范现场作业管理制度	1. 针对重要工程，调控机构应加强对施工方案以及组织措施、技术措施和安全措施的审查。 2. 制定典型安全措施票及标准化作业指导书，规范现场运维和检修工作。 3. 审核申请票的停电范围、安全措施是否满足现场安全要求和工作范围。 4. 加强对变电站现场运行规程的审核，细化智能设备各类报文、信号、硬压板、软压板的使用说明和异常处置方法	案例 10
6.7.3	现场事故调查	事故调查时误试验，导致电网事故	规范现场事故调查工作	1. 不违规指挥现场一、二次设备操作。 2. 监督现场做好运行设备的安全措施。 3. 监督现场编制试验项目，制定二次安全措施	

序号	辨识项目	辨 识 内 容	辨识要点	典型控制措施	案例
7	**自动化**				
7.1	**自动化运行**				
7.1.1	检修申请及工作票、操作票制度	自动化系统无票工作，导致设备及人身安全	持票工作	1. 执行自动化系统检修申请和批复流程。 2. 自动化系统工作应严格履行工作票、操作票制度。 3. 明确工作内容、操作步骤和影响范围。 4. 严格执行监护和工作验收制度，定期开展监督检查。 5. 严格按照检修批准的开、竣工时间进行工作。 6. 现场实际开工、完工时向自动化值班员汇报，如影响电网调度业务，自动化值班员须征得当值调控员同意后，做好相应安全措施后方可许可工作	
7.1.2	运行监测	自动化系统和设备运行监测运行监视信号不全、不清，造成自动化系统故障不能及时发现和处理	增补和明确监视信号	1. 监视硬件设备的灯态、电源、风扇等状态。 2. 监视自动化系统服务器、重要工作站重要进程、应用告警信息。 3. 监视自动化系统服务器、重要工作站 CPU负荷率、磁盘备用容量等。 4. 监视自动化系统机房温度、湿度、消防报警、UPS 电源等。 5. 监视数据库文件系统、表空间等信息。 6. 监视自动化系统网络状态、端口信息等。 7. 监视自动化通道/厂站运行状态等信息。 8. 完善各类告警信号处理预案	
7.1.3	值班与交接班	自动化系统运行值班不能及时发现故障，交接班内容不全面、运行情况交接不清，导致自动化故障不能及时处理	及时发现故障	1. 建立规范的自动化运行值班和交接班制度。 2. 制定自动化运行值班表。 3. 制定规范的值班巡视内容，定时巡检，及时发现自动化系统运行的异常和故障。 4. 交班和接班准备充分、交接内容全面、交接清楚。 5. 真实、完整、清楚记录自动化值班日志，值班日志应包括当值自动化检修和操作记录、主站自动化系统异常和事故情况、厂站自动化数据通信异常情况等	

序号	辨识项目	辨识内容	辨识要点	典型控制措施	案例
7.1.4	自动化系统故障处理	故障分析不准确，故障处理未采取有效措施	分析故障类型，确定处理方式	1. 故障处理手续齐全，处理前后需向相关部门和人员通报。 2. 监护人员必须到位监护。 3. 按已备操作手册或典型操作进行处理并得到监护人员确认。 4. 做好故障处理记录，建立典型预案和预防措施	
7.1.5	调度自动化系统安全应急预案	未制定或及时修订应急处置预案，导致应急处置不当	预案的修订及演练	1. 定期更新调度自动化系统安全应急预案、应急措施和故障恢复措施。 2. 每年至少开展一次应急演练。 3. 建立健全应急处置方案，每半年至少开展一次故障应急处置方案应急演练。 4. 演练结束后开展评估，对演习过程中暴露的问题，进行修订预案	
7.1.6	外来维护、开发技术人员	外来维护人员误操作、违规操作、超范围操作	规范外来人员工作，严格监督	1. 建立健全外来维护、开发技术人员的管理制度。 2. 外来人员在工作前，应明确工作内容、操作步骤、影响范围、安全措施、注意事项和验收方法，并经工作负责人确认。 3. 工作负责人应向外来人员明确工作内容、现场情况、安全措施及注意事项。 4. 监护人对外来人员进行全程监护，并进行逐项检查、记录，如有异常，监护人应立即制止。 5. 第三方单位维护、开发访问系统前签署安全责任合同书或保密协议	案例11
7.1.7	自动化台账	无资料或资料不完整、不真实造成事故隐患或出现问题无据可查	完善各类台账、资料并归档	1. 制定完善的资料管理制度。 2. 具有上级颁发和结合本单位实际制定的确保系统安全、稳定、可靠运行的管理规程、制度、规定、办法等；有与实际运行设备相符规范的图纸资料档案。	

序号	辨识项目	辨 识 内 容	辨识要点	典型控制措施	案例
7.1.7	自动化台账	无资料或资料不完整、不真实造成事故隐患或出现问题无据可查	完善各类台账、资料并归档	3. 编写各项规章制度及各类运维手册。 4. 记录规范、真实、完整的值班日志、工作票、缺陷记录、检修申请单等，并实现电子化。 5. 自动化设备台账信息应按照要求在调控云模型数模平台上录入	
7.1.8	备品备件	自动化系统主要运行设备必要的备品备件不齐全	备品备件核查	1. 配置足够数量的主要设备的备品备件。 2. 建立规范的备品备件清册和档案	
7.2	**自动化机房**				
7.2.1	机房环境	自动化机房温度、湿度未达到规定要求，造成自动化设备损坏或停运、乱堆乱放杂物等	温湿度调控、杂物清理	1. 定期检查机房温湿度。 2. 定期检查空调制冷设备运行状况和送风通道情况。 3. 适时调整空调温湿度设定值。 4. 必要时配备移动式风扇。 5. 机房应具有防静电设施，有条件的应备有新鲜空气补给设施。 6. 机房不得堆放无关杂物	
7.2.2	机房火警	自动化机房未配置火灾报警和消防设备，造成机房火灾报警不及时或灭火不及时	消防巡视检查	1. 按照相关消防规定，安装机房火灾报警设备。 2. 按照相关要求，配置足够数量的消防器材。 3. 禁止易燃、易爆物品进入机房，及时清理机房内杂物。 4. 至少配置一套防毒面具	
7.2.3	机房防水	自动化机房空调冷凝水处理不好，窗户防暴雨密封性不好，导致影响机房电源及设备安全	防水巡视检查	1. 检查空调冷凝水管包扎有无泄漏、排水是否通畅。 2. 检查窗户防暴雨的密封性、窗户外雨水可否倒灌机房。 3. 应建立机房漏水监控，并及时告警，定期检查监控情况	

序号	辨识项目	辨识内容	辨识要点	典型控制措施	案例
7.2.4	机房接地	自动化机房接地电阻不满足规范的要求，造成雷击损坏自动化设备、接地环网断接或接头松动	接地电阻检测	1. 定期检测自动化机房的接地电阻，并提供测试报告。 2. 定期检查接地环网情况及接头情况，必要时进行机柜和设备导通电阻测试	
7.2.5	机房设备安装	设备安装不牢固、无规范标志，线缆、标签杂乱	规范设备安装及标签、标志牌张贴	1. 机房设备安装应牢固可靠，运行设备应标有规范的标志牌。 2. 连接各运行设备间的动力/信号电缆（线）应整齐布线，强弱电电缆应分开布放，电缆（线）两端应有标志牌	
7.2.6	机房门禁系统	机房未安装门禁或相关出入控制措施	查看机房门禁	1. 机房安装门禁措施，并完善人员进出入机房管理制度，建立相关记录。 2. 机房主要出入口应配置视频监控，能对非法进入机房的情况进行报警	
7.2.7	机房设备供电	单电源供电，单台 UPS 系统故障或失电造成设备停运	双电源供电	1. 硬件设备采用双路 UPS 供电。 2. 服务器等主设备自身需具备冗余电源。 3. 对于不具备双电源供电的终端设备（如调控工作站、KVM、显示器等）应具备电源自动化切换功能（如加装 STS 切换装置）	案例 12
7.3	**自动化主站电源系统**				
7.3.1	UPS 进线电源	UPS 未采用来自两个不同进线电源供电，或经 ATS 切换后 UPS 交流电源与静态旁路的交流电源为同一组，导致自动化系统停电	双电源供电	1. 应配备专用 UPS 供电，不宜与信息系统、通信系统合用电源。 2. UPS 由来自不同电源点的双路交流电源供电，且 UPS 静态旁路开关与 UPS 主机交流输入取自不同的 UPS 交流进线柜。 3. UPS 交流电源定期进行切换试验	
7.3.2	UPS 运行维护	UPS 维护不到位，蓄电池组放电容量不足，交流电源停电后 UPS 不能正常运行，导致自动化系统失电	UPS 检查与实验	1. 应具备 UPS 供电方式示意图，并定期滚动修改。 2. 每天巡视电源机房，检查 UPS 的运行状况。 3. 每天巡视电源机房，检查温度和湿度。	

序号	辨识项目	辨 识 内 容	辨识要点	典型控制措施	案例
7.3.2	UPS 运行维护	UPS 维护不到位，蓄电池组放电容量不足，交流电源停电后 UPS 不能正常运行，导致自动化系统失电	UPS 检查与实验	4. 定期对 UPS 进行充放电试验，检查放电容量是否满足要求，对于性能不满足要求的蓄电池组进行更换。 5. 定期巡视蓄电池，检查蓄电池表面是否有渗液和鼓包现象	
7.3.3	UPS 工作负载	UPS 电源负载过重，导致交流电源停电后 UPS 不能保证供电时间，配电柜之间开关容量配置不合理造成越级跳闸	UPS 负载检查，配电柜开关容量配置检查	1. 定期检查 UPS 的负载大小，对不满足容量要求电源及时扩容改造。 2. 负载宜平均分配至三相母线。 3. 制定交流电源停电时负载切除次序、保证重要负载供电时间。 4. UPS 的供电变压器、配电开关容量满足要求，新增设备后需要复算配电柜总开关及上级开关容量是否匹配。 5. 加强对临时接入负载监视并有相关措施	
7.3.4	UPS 维护作业	无作业指导书和电力监控系统工作票开展工作，不熟悉现场开关情况，导致 UPS 意外停运，应急预案不具体，不具备实用性	UPS 作业指导书、电力监控系统工作票和应急预案	1. 制定完备的安全技术措施，考虑各类可能导致 UPS 无法正常工作后的应对措施。 2. UPS 断电检修时，应先确认负荷已经转移或关闭。 3. 熟练掌握现场开关状态功能和使用规范。 4. 严格执行停机及断电顺序。 5. 建立健全 UPS 电源应急预案，并定期开展培训和演练	
7.4	**自动化基础数据**				
7.4.1	设备入网	设备未经检测或未获得入网资格许可证书	入网设备资质检查	1. 自动化设备的设备配置和选型应符合相关技术标准及选型要求。 2. 自动化设备的采购应严格按照物资采购和招投标的有关规定进行。 3. 入网运行的自动化设备，应通过具有国家认证认可资质的检测机构的检测并提供相应的检测报告	

序号	辨识项目	辨 识 内 容	辨识要点	典型控制措施	案例
7.4.2	接入规范	厂站通信及自动化系统接入不规范,导致远动信息无法接入主站系统	符合国家电网公司规定接入规范	1. 建立厂站通信及自动化系统接入规范。 2. 严格把好设计审核关。 3. 根据管理和技术要求及时更新。 4. 根据自动化信息接入规范要求,规范厂站信息	
7.4.3	接入验收	厂站通信及自动化系统验收把关不到位,影响日常信息接收正确率	验收工作规范	1. 建立厂站通信及自动化系统验收标准。 2. 参与系统验收。 3. 在重大缺陷隐患整改完成前不安排启动工作	
7.4.4	新设备启动与变更	电网新设备启动或变更,未及时增加或更新自动化画面和信息,造成调度运行人员不能及时、准确掌握电网运行信息	及时增加或更新自动化信息	1. 按照新设备投运时间要求,及时调试、开通自动化信息传输通道。 2. 增加或修改自动化系统画面和相应遥测、遥信、遥控、遥调、参数信息,并得到调度验收确认。 3. 设备投运前,进行自动化信息及相关参数信息的测试、核对。 4. 现场 TA 变比调整,应有相关流程和通知单	
7.4.5	参数库管理	未建立自动化系统参数库,参数不全,参数维护、备份不及时,造成自动化系统数据错误、电网运行误判断	建立、备份参数库	1. 规范并制定自动化系统参数维护流程和管理规定。 2. 建立系统参数库。 3. 及时维护、备份参数库	
7.4.6	主站参数设定	调度主站或监控主站参数设定错误,为调度或变电运行人员提供错误的运行信息,造成电网运行误判断	参数正确	1. 核对参数信息表,设置模拟量系数、遥控点号以及遥信相关定义。 2. 核对后台机图、库定义的一致性;参数更改要及时记录。 3. 新上间隔要及时进行图、库定义,并进行遥信传动试验、遥测加量试验以及遥控试验	案例 13
7.4.7	联动试验	参数设定后,应做试验的不按规定试验,或试验后二次回路、参数变动未及时恢复,造成自动化系统采集或控制数据错误	现场试验	1. 试验仪器应定期校验,使用前检查。 2. 试验项目应全面,尽可能从有效部位试验,无试验盲区。	

序号	辨识项目	辨识内容	辨识要点	典型控制措施	案例
7.4.7	联动试验	参数设定后，应做试验的不按规定试验，或试验后二次回路、参数变动未及时恢复，造成自动化系统采集或控制数据错误	现场试验	3. 工作前应精心准备，将试验步骤、试验方法、试验标准写入《作业指导书》，对试验数据进行详细记录分析。 4. 二次回路、参数变动时应详细记录，试验后应及时恢复并核查	
7.4.8	厂站数据质量	各厂、站上传数据的完整性、准确性、一致性、及时性和可靠性存在问题，造成电网运行误判断	检查各类数据	1. 各厂站上传调度所需信息满足可观测要求。 2. 上传信息符合各有关规程精度要求，特别是死区设定以及设备参数辨识。 3. 模型和参数统一管理、分级维护、关联存储。 4. 为各类信息提供及时、统一时标数据。 5. 确保系统和数据通信稳定、可靠。 6. 按照国家电网公司《交流采样测量装置运行检验管理规程》对设备进行相关检验	
7.4.9	数据采集完整规范	主站系统采集的远动数据不满足调度运行管理的需要	规范监控信息数据采集	1. 制定规范、完整的监控信息表，包括厂站名、信号名、点号、制定人、执行人、执行日期等。 2. 监控信息表需按流程进行流转执行。 3. 严格按照信号规范采集、传送数据。 4. 调试过程中，严禁随意更改信号。信号变更需进行申请，经过批准后方可修改。 5. 执行后的监控信息表需及时归档留存	
7.5	**自动化系统**				
7.5.1	容量配置	自动化系统主要服务器 CPU 负载、内存剩余容量、硬盘剩余容量不满足标准要求、自动化系统数据丢失或系统部分功能运行不正常	主站系统容量配置	定期检查 SCADA/EMS、WAMS、OMS、电量采集等系统服务器 CPU 负载、内存剩余容量、硬盘剩余容量、数据库空间、网络状态	
7.5.2	双机冗余	自动化系统重要节点未实现双机冗余、双机不能正常切换	主备双机冗余配置	1. 自动化重要节点设备应按双机冗余配置。 2. 定期对设备进行检查和切换实验，保证主备双机系统运行状况良好、切换正常	

序号	辨识项目	辨 识 内 容	辨识要点	典型控制措施	案例
7.5.3	通道冗余	自动化信息未按双通道配置、双通道不能正常切换	通道冗余配置	1. 厂站至主站至少应具备两路独立路由的远动通道。 2. 主站应具备通道监视画面，当有通道故障时可有明显的标示和提示。 3. 通道故障时应及时启动检修流程	
7.5.4	电网运行稳态监视功能维护	电网运行稳态监视功能维护不到位，功能有缺项或停运，导致电网调度控制运行监控不及时、不全面	检查监视功能，如断面潮流越稳定限额或频率越限告警、母线电压越限告警，故障和事故前后的系统频率、电压、潮流和开关动作等变化过程的完整记录，事件反演；SCADA功能中的事件告警、事件顺序记录（SOE）、事故追忆（PDR）、动态网络着色、频率越限告警、事故推画面、极值潮流	1. 维护各项监视功能运行正常。 2. 随电网网架的变化及时更新监视内容。 3. 及时维护参数库数据。 4. 建立自动化系统功能完善维护业务流程。 5. 实现全网及分区低频低压减载、限电序位负荷容量的在线监视	
7.5.5	变电站集中监控功能维护	变电站集中监控功能维护不到位，功能有缺项或停运，导致变电站监控不及时、不全面	检查集中监控功能：包括数据处理、责任区与信息分流、间隔建模与显示、光字牌、操作与控制、防误闭锁和操作预演等基本功能，变电站告警直传、远程浏览、远程操作安全认证功能	1. 维护各项监视功能运行正常。 2. 随电网网架的变化及时更新责任区、模型、光字牌等监视内容。 3. 及时维护参数库数据。 4. 建立自动化系统功能完善维护业务流程	

序号	辨识项目	辨 识 内 容	辨识要点	典型控制措施	案例
7.5.6	AGC、AVC 维护	AGC、AVC 自动控制功能维护不到位，应用项有退出或功能不能满足要求，导致电网频率、电压控制错误	检查AGC、AVC运行	1. 维护 AGC、AVC 系统运行正常。 2. 随电网的变化及时更新监视内容。 3. 经调度许可后及时维护参数库数据。 4. 实现全网旋转备用容量或 AGC 调节备用容量的在线监视。 5. 实现机组一次调频投入情况的在线监视。 6. 凡有 AVC 调整的变电站，在投运前，应测试合格后方允许投入 AVC 控制	
7.5.7	状态估计维护	模型参数维护不及时，或数据采集异常，导致状态估计合格率低	维护模型参数，检查系统运行	1. 电网结构变化时，及时维护系统模型、参数。 2. 保证调度控制系统数据采集的正确性，发现可疑数据时应及时进行确认处理。 3. 检查状态估计覆盖率。 4. 检查单次状态估计计算时间。 5. 检查状态估计月可用率。 6. 检查遥测估计合格率	
7.5.8	调度员潮流维护	系统模型参数错误、数据采集不正确导致调度员潮流计算结果错误	维护模型参数，检查系统运行	1. 电网结构变化时，及时维护系统模型、参数。 2. 保证调度控制系统数据采集的正确性，发现可疑数据时应及时进行确认处理。 3. 检查单次潮流计算时间。 4. 检查调度员潮流计算结果误差。 5. 检查调度员潮流月可用率	
7.5.9	静态安全分析维护	系统模型参数错误、数据采集不正确，导致静态安全分析结果错误	维护模型参数，检查系统运行	1. 电网结构变化时，及时维护系统模型、参数。 2. 检查静态安全分析功能的月可用率。 3. 检查故障扫描平均处理时间	
7.5.10	WAMS 系统维护	WAMS 系统子站布点不足，信息采集不全，或主站系统电网模型参数未及时维护更新，造成系统功能未能发挥	完善信息采集点，检查系统运行	1. 定期检查 PMU 装置与 WAMS 主站通信状态。 2. 核对、检查 WAMS 系统数据与 EMS 系统数据的一致性。 3. 及时新增或更新 WAMS 系统网络模型、参数	

序号	辨识项目	辨识内容	辨识要点	典型控制措施	案例
7.5.11	在线安全稳定分析维护	系统模型参数错误、数据采集不正确，导致在线安全稳定分析功能异常	维护模型参数，检查系统运行	1. 电网结构变化时，及时维护系统模型、参数。 2. 确保 WAMS 系统数据的可靠性和完整性。 3. 检测暂态稳定分析与评估功能。 4. 检测静态电压稳定性评估功能。 5. 检测小干扰稳定评估功能。 6. 检测基于安全域的稳定检测及可视化功能。 7. 检测基于 WAMS 互联的分析及告警功能	
7.5.12	DTS 系统维护	DTS 系统未实现与 EMS 系统的互联，或模型拼接有错误，导致 DTS 计算结果错误	维护模型参数，检查系统运行	1. 与调度控制系统的画面、参数要同步更新。 2. 检测与调度控制系统的模型拼接情况。 3. 检测网省或省地间的模型拼接情况	
7.5.13	电量采集系统维护	未实现关口计量和电能考核点的数据采集与处理的完整性，造成计量缺失	关口维护	1. 新增、变更关口计量点和电能考核点的维护。 2. 检查通信通道的运行情况。 3. 检测上网电量、受电量、供电量、网损的准确性	
7.5.14	数据网设备维护	数据网络设备的参数配置随意改变，造成网络中断	参数配置是否符合要求	1. 各节点进行工作时，若影响到数据网络设备，必须提前三天向上级调控机构提出书面申请，经批复同意后方可进行工作。 2. 加强数据网设备的运行管理，保证网络的正常运行	
7.5.15	备份功能	备份缺失或不能正确备份，导致数据信息缺失	定期备份	1. 检查各自动化系统数据备份策略和时间。 2. 备份磁盘（介质）存放在规定地点。 3. 定期进行备份数据的恢复实验	
7.5.16	软件测试	系统功能软件升级或新应用软件测试时管理不到位，造成系统功能异常，影响电网安全	软件测试管理	1. 系统功能软件升级或新加系统功能软件前，应制定软件测试方案，并充分论证。 2. 现有系统功能软件升级时应先进行离线测试。 3. 新加系统功能测试时应充分考虑新软件对原有系统的影响，尽量回避可能造成的重大影响，如系统 CPU 负载大幅增加等	案例 11

序号	辨识项目	辨 识 内 容	辨识要点	典型控制措施	案例
7.5.17	调度运行管理系统信息维护	自动化设备管理（包括各个系统主站、厂站设备台账等应用）、运行管理（运行日志、检修申请单、故障与缺陷处理流程、运行报表与指标统计等应用）等未及时维护，造成风险评估、EMS应用出错	调度运行管理系统信息及时维护	1. 建立第一责任人制度，完善流程，保障台账信息及时更新。 2. 定期检查运行日志、运行报表等模块的运行情况。 3. 定期检查检修申请单、故障与缺陷处理流程等流程	
7.5.18	负荷预测维护	系统模型维护不正确、数据采集异常导致负荷预测结果错误或系统异常导致无法上报发送数据	检查系统运行、检查采集数据正确性	1. 保证调度控制系统数据采集的正确性，发现可疑数据时应及时进行确认处理。 2. 检查负荷预测合格率。 3. 检查系统进程和网络状态是否正常	
7.5.19	检修计划维护	检修计划功能不具备或不全面，流程无法正常流转	完善功能、及时维护	建立第一责任人制度，进行维护，保障功能的实现与完整	
7.6	**备用调度系统**				
7.6.1	维护人员	配备不足，影响备调正常运作	人员到岗，维护分工明确	1. 有分工、有人员、有检查。 2. 属地化维护和主调维护。 3. 属地化人员在岗到位。 4. 备调与主调定期轮换	
7.6.2	数据同步	数据、画面不能正常与主调同步	定期检查、比对	1. 主、备调同步维护。 2. 定期跟踪、监视	
7.6.3	系统维护	备用系统维护不到位，系统无法达到备用功能	系统正常运行，指标满足要求	1. 建立备调运行管理规定并有效执行。 2. 备调系统模型参数、功能模块的及时维护。 3. 定期进行主备调切换演练	
7.6.4	定期切换演练	未按规定要求定期进行主备调切换演练或演练未达到规定要求	定期切换演练	1. 建立主备调定期切换演练机制。 2. 定期切换演练方案、措施齐备。 3. 定期切换演练手续齐备、记录完整	
7.6.5	备调信息更新及时性	更新不及时造成备调信息错误或导致电网事故以及其他不良影响等	保证信息更新的及时性	1. 健全备调运行维护制度并督促落实。 2. 调控专业定期更新调控运行所需资料。 3. 自动化专业定期更新相关的电网模型、参数。	

序号	辨识项目	辨识内容	辨识要点	典型控制措施	案例
7.6.5	备调信息更新及时性	更新不及时造成备调信息错误或导致电网事故以及其他不良影响等	保证信息更新的及时性	4. 通信专业根据调度对象变动情况及时更新调度电话相关信息。 5. 系统、计划、继电保护、水电及新能源等专业定期更新本专业所需资料	
7.7	**配电自动化**				
7.7.1	基本功能维护	基本功能不完善、未能与其他系统交互应用	完善系统功能	1. 实现数据采集与运行监控；模型/图形管理；馈线自动化；拓扑分析（拓扑着色、负荷转供、停电分析等）等功能。 2. 建立接口，与调度自动化系统、GIS、PMS2.0等系统交互应用。 3. 按照《配电网调度图形模型规范》完成配电网图模建设和异动管理	
7.7.2	双机、双网冗余	配电自动化系统重要节点未实现双机、双网冗余、双机不能正常切换	主备双机、双网冗余配置	1. 自动化重要节点设备应按双机、双网冗余配置。 2. 定期对设备进行检查和切换实验，保证主备双机系统运行状况良好、切换正常	
7.7.3	安全防护	未根据安全分区原则将各模块进行分区导致影响系统及电网安全的事故发生	安全分区、安装安防设备	1. 根据安全分区原则，将各功能模块分别置于控制区、非控制区和管理信息大区。 2. 遵循相关要求，规范系统物理边界及安全部署。 3. 对配电自动化系统的遥控操作按有关规定进行加密认证	
7.7.4	配电自动化管理制度	未建立健全相关规章制度导致事故发生	健全和完善相应管理制度	具有上级颁发和结合本单位实际制定的确保系统安全、稳定、可靠运行的管理规程、制度、规定、办法等（主要应有配电自动化系统运行管理规程或规定、运行与维护岗位职责和工作规范、运行值班和交接班、机房管理、设备和功能停复役管理、检修管理、缺陷管理、安全管理、新设备移交运行管理等）	

序号	辨识项目	辨识内容	辨识要点	典型控制措施	案例
7.7.5	设备异动管理和红黑图机制	未按相关规定要求执行设备异动管理相关要求，无红黑图机制或未按规定执行红黑图机制	明确配电网调控管辖设备异动管理的职责分工、管理内容、工作流程、检查与考核等要求	1. 明确调控中心和配电运检部门之间的职责分工。 2. 严格按照红黑图流转机制行进模型管理。 3. 配网电子图接线变更时，需按红黑图流程进行维护操作	
7.8	**变电站监控系统**				
7.8.1	测控装置功能	测控装置三遥功能验收不良，存在安全隐患：遥测偏差大、遥信不准确、遥控存在误控漏控，逻辑五防功能存在漏洞	测控装置功能检查	1. 遥测量分相、按大小额定值检查，确保精度。 2. 遥信信号逐个核对，确保信号与实际相符。 3. 遥控按间隔、分种类逐个检查，确保准确。 4. 逻辑"五防"功能检查到位，采用自查互查抽查的方式，确保无遗漏	
7.8.2	后台机功能	遥信信号不全，软压板遥控功能不正确	后台机功能检查	1. 确保变电站内装置的任何异常信号都在后台有所反应。 2. 智能变电站保护装置功能和出口软压板遥控至关重要，按间隔双人合作逐个检查保护装置功能软压板和出口软压板的投退正确性	
7.8.3	电源配置	厂站远动装置、计算机监控系统、测控单元等自动化设备的供电电源未配备可靠的不间断电源或未采用厂站内直流电源供电	不间断电源使用情况及容量检查	1. 参与新建、改造变电站设计审核。 2. 对无不间断电源的厂站进行改造。 3. 对电源负载过重，导致交流电源停电后UPS不能保证供电时间的厂站进行扩容改造	案例12
7.8.4	设备防雷、接地	自动化相关设备未加装防雷（强）电击装置，或未可靠接地	防雷、接地	1. 自动化设备加装防雷（强）电击装置，且可靠接地。 2. 定期进行接地电阻测试和防雷元件检查	
7.8.5	时钟同步装置管理	厂站未配置统一的时间同步装置，对时装置天线安装不良	对时检测	1. 变电站应建立时间同步机制，设置双机冗余的全站统一时钟装置。 2. 变电站内时钟装置应支持北斗和GPS对时，并优先采用北斗对时。 3. 变电站外GPS或北斗天线严格按照施工要求安装，避免天气原因导致的对时系统异常。 4. 新投运的时钟同步装置应具备时间同步监测功能	

序号	辨识项目	辨 识 内 容	辨识要点	典型控制措施	案例
7.8.6	远动信号电缆抗干扰	远动信号电缆未采用屏蔽电缆，屏蔽层（线）未接地，信号接口处未加装防雷（强）电击装置	远动信号电缆检查	1. 采用屏蔽电缆，且屏蔽层接地。 2. 信号接口处加装防雷（强）电击装置	
7.8.7	定值单规范	自动化定值单不规范、不齐全，导致现场参数设置错误	定值单内容规范	1. 规范自动化定值单内容，至少包括定值单编号、执行日期、设备名称、装置型号。 2. 定值单人员签字应齐全	
7.8.8	监控系统版本管理	监控系统装置软件版本不受控，因软件升级等造成误控，导致电网事故	规范监控系统版本管理	1. 严格监控系统软件版本异动和受控管理。 2. 定期核实自动化软件版本及时安排版本升级。 3. 规范程序投运流程	
7.8.9	标签规范	网线、光纤、压板、把手标签缺失或不正确	标签检查	1. 网线、光纤、压板、把手都应贴有明显的标签。 2. 网线、光纤标签写清楚来源、去向。 3. 压板标签写清楚功能。 4. 把手标签写清楚对应的开关编号	
7.8.10	数据通信网关机备份管理	数据通信网关机备份无，或不及时导致后期完善功能时埋下隐患	数据通信网关机备份检查	1. 对每一个变电站存有至少两份数据通信网关机备份。 2. 检查数据通信网关机为最新，避免后期修改造成部分功能缺失	
7.8.11	光纤断链报警	光纤发生断链时不能及时报警，导致部分功能丧失而不知道	光纤断链信号检查	站内装置的每一根光纤被拔下都能在后台报相应的装置 GOOSE 或 SV 断链信号	
7.8.12	自动化系统运行中事故防范	改造、检修、试验等工作中厂站端自动化装置发生误整定、误接线、误碰、误操作，运维人员进行保护装置压板投退、把手切换等二次设备操作错误，因自动化设备原因引起的电网安全事故	加强监护、核对	1. 认真填写现场工作作业指导书（卡），并执行电力监控系统工作票。 2. 按照压板操作履历表进行操作。 3. 监护人认真核查遥控对象、性质选择。 4. 根据自动化设备定值单设置测控、远动装置、当地监控系统参数。 5. 参数整定后按规定试验。 6. 做好遥控试验的安全措施	案例 13

序号	辨识项目	辨识内容	辨识要点	典型控制措施	案例
7.9	**自动化现场工作**				
7.9.1	工作票（操作票）	无票工作（操作），安全措施不到位，造成设备损坏、系统运行异常	检查工作票所列安全措施是否正确，操作票是否规范	1. 自动化现场工作需严格执行工作票制度，履行工作许可手续后方可工作。 2. 现场工作严格执行标准化作业指导书（卡）	
7.9.2	监护作业	低压回路工作中无人监护，误碰其他带电设备，造成触电事故	施工中监视	1. 检修电源箱接取、拆卸电源时，与带电部位保持足够的安全距离。 2. 使用绝缘合格的工具时，注意将工具裸露金属部位进行绝缘处理。 3. 接取的电源应具备漏电保安器。 4. 低压电源的接取至少2人进行，必要时应设专人监护。 5. 必要时采取可靠的防护隔离措施	
7.9.3	系统故障	现场工作的过程中系统发生故障，原因未查明继续工作，影响事故处理，造成事故扩大	系统发生故障后应暂停工作	1. 系统发生故障后，不管与自身工作是否相关均应中断工作。 2. 待故障原因查明后方可继续工作	
7.9.4	临时电源	现场临时电源管理不规范，造成触电事故	临时电源敷设后检查	1. 应合理敷设临时电源线，避免与金属型材、金属线材交叉使用，否则应采取防护隔离措施。 2. 临时电源线的外绝缘应良好，接地方式正确。 3. 经过路面的临时电源线应有防止重物轧伤的措施。 4. 电源容量、线径、线型、插座、保险的配置必须满足规范，杜绝安全隐患。 5. 临时电源应使用漏电保护	
7.9.5	电动工器具	电动工器具的使用不规范，电动工器具绝缘不合格，造成触电事故	工作前检查、工作中监视	1. 使用前检查电线绝缘是否完好。 2. 使用时不准提着电器工器具的导线部分。 3. 电动工器具的电线不准接触热体，不要放在潮湿地面上，并避免重物压在电线上。 4. 使用电动工器具应与带电部位保持足够安全距离。 5. 工器具外壳按防护等级要求可靠接地	

序号	辨识项目	辨识内容	辨识要点	典型控制措施	案例
7.9.6	标识牌管理	线缆未按规定设置标识牌,造成误碰、误拔,影响系统运行	检查线缆标识牌	线缆按要求设置相应标识牌,规范接线	
7.9.7	动火施工	动火焊切时,防火措施不到位,引起火灾(或火情)	工作前检查、工作中监护、工作后清理现场	1. 施工前办理动火证。 2. 周边防火措施到位。 3. 熟悉灭火器的使用	
7.9.8	现场设备检修	运行设备与检修设备没有设置隔离措施或明显标记,导致误动运行设备	运行设备与检修设备设置隔离措施或明显的标记	1. 检修工作开展前,应对检修设备进行确认。 2. 使用"运行中"和"在此工作"标识区分检修设备和两边的运行设备	
7.9.9	电流、电压互感器	电流互感器回路开路、电压互感器回路短路	二次回路检查	1. 短接电流互感器二次绕组时,必须使用专用短接片或短接线正确短接,严禁导线缠绕。 2. 电压互感器回路上工作时,使用绝缘手套和绝缘工具	
7.9.10	交直流回路	1. 对交直流回路操作不当造成短路。 2. 装置交直流回路与其他回路的不正确连接造成装置损坏。 3. 触电事故	交直流回路核查	1. 在线检查交直流回路时,正确使用万用表。 2. 退出二次接线时,应将前一级熔断器退出,或逐项退出二次接线并用绝缘胶布密封外露的导体部分	
7.9.11	站控层测试	1. 监控双机/双网同时退出运行,导致后台监控系统失效。 2. 数据通信网关机双机同时退出,导致各级调度通信中断	逐一检测	1. 检测双机/双网系统时必须单台/单网进行,并保证一台设备做测试时,另外一台设备正常运行。 2. 检测数据通信网关机双机时必须单台进行,并保证一台设备做测试时,另外一台设备正常运行	
8	**电力监控系统安全防护**				
8.1	**基本原则**				
8.1.1	安全分区	安全分区不合理、检测手段不完备	安全分区与隔离	1. 安全分区设置不合理,未按照控制区与非控制区的典型特征设置安全分区。 2. 业务系统置于不同安全分区不合理。	

序号	辨识项目	辨 识 内 容	辨识要点	典型控制措施	案例
8.1.1	安全分区	安全分区不合理、检测手段不完备	安全分区与隔离	3. 控制区未禁止 E-Mail、WEB；非控制区未使用支持 HTTPS 的安全 WEB 服务。 4. 生产控制大区应使用经国家指定部门认证的安全加固的操作系统。 5. 禁止不同安全区之间跨区互联，禁止非法外联。 6. 在安全Ⅰ、Ⅱ、Ⅲ区部署入侵检测系统（IDS）、恶意代码防护系统，并定期更新	
8.1.2	网络专用	未在专用通道上独立组网，未与外部网络隔离，未设立安全接入区，网络路由等限制措施不合理	独立通道、独立波长、独立纤芯、网络路由等	1. 应使用独立通信通道独立网络设备组网。 2. 网络通道未划分实时子网和非实时子网，分别连接控制区与非控制区。 3. 网络设备的安全设置应严格配置，包括限定网络服务、避免使用默认路由、设置信任的网络地址、开启访问控制列表等。 4. 未采用 QoS 等技术措施保证实时子网与非实时子网带宽。 5. 可采用 BFD 等接入控制措施，保证接入节点的可信性	
8.1.3	横向隔离	横向边界隔离措施不合理	横向安全防护	1. 在生产控制大区内部部署硬件防火墙进行横向隔离。 2. 生产控制大区与管理大区间部署电力专用横向单线物理隔离装置进行隔离。 3. 访问控制策略按最小化原则进行设置	
8.1.4	纵向认证	调度数据网或其他生产控制大区专用数据网络纵向边界未采用加密认证等防护措施	纵向安全防护	1. 在安全Ⅰ、Ⅱ区纵向互联的网关节点上部署纵向加密认证装置，并配置密文通信；在安全Ⅲ区纵向互联的网关节点上部署硬件防火墙，设置特定策略，防止病毒和黑客入侵。 2. 安全Ⅰ、Ⅱ区延伸网络或调度数据网延伸网络出口处配置纵向加密认证装置。 3. 具有远方控制功能的业务应使用调度数字证书系统的加密认证技术措施进行安全防护。 4. 访问控制策略按最小化原则进行设置	

序号	辨识项目	辨 识 内 容	辨识要点	典型控制措施	案例
8.2	**网络安全管理系统**				
8.2.1	主站管理平台	主站未部署网络安全管理平台或部署不完整、不合理	网络安全管理平台	1. 在主站安全Ⅱ区部署数据网关机，接收并转发来自厂站的网络安全事件。 2. 在主站安全Ⅱ区部署网络安全管理平台，接收各类采集数据及网络安全事件，实现对网络安全事件的实时监视、集中分析和统一审计	
8.2.2	厂站网络安全监测装置	厂站未部署网络安全监测或部署规范，采集数据不完整	网络安全监测装置	1. 在主站安全Ⅰ、Ⅱ、Ⅲ区分别部署网络安全监测装置，采集服务器、工作站、网络设备和安防设备自身感知的安全数据及安全事件。 2. 在变电站、并网电厂电力监控系统的安全Ⅱ区（或Ⅰ区）部署网络安全监测装置，采集变电站、并网电厂服务器、工作站、网络设备和安防设备自身感知的安全数据及网络安全事件，转发至调控机构网络安全监管平台的数据网关机	
8.3	**通用安全防护**				
8.3.1	设备安全加固	自动化系统硬件设备未进行设备安全加固	计算机设备安全管理	1. 正反向物理隔离装置、防火墙、纵向加密认证装置等安全防护设备安全加固。 2. 调度数据网、通信网、局域网等网络设备安全加固。 3. 智能电网调度控制系统、调度管理系统等电力监控系统主机安全加固。 4. 通信网管等专用系统主机安全加固	
8.3.2	应用安全加固	自动化应用系统未进行系统安全加固	应用安全管理	1. 操作系统进行安全加固。 2. 数据库进行安全加固。 3. 应用进行安全加固	
8.3.3	端口安全	未实施网络端口绑定，未关闭交换机未使用的端口，未贴封未使用的 USB	计算机设备管理	1. 实施网络端口绑定。 2. 关闭交换机未使用的端口。	

序号	辨识项目	辨 识 内 容	辨识要点	典型控制措施	案例
8.3.3	端口安全	口，机柜未关闭和上锁，造成未经批准的设备在调度自动化系统上使用，导致系统服务器感染病毒	计算机设备管理	3. 禁用未使用的 USB 口，采用安全管理软件禁用未授权的 USB 设备。 4. 禁用未使用的串口。 5. 机柜关闭、上锁	
8.3.4	移动介质安全	未按规定使用移动介质，未经防病毒软件检查，在调度自动化系统上使用，导致系统服务器感染病毒	移动介质管理	1. 使用移动介质管理系统。 2. 使用专用移动介质，禁止自带未经许可的移动介质在内网使用。 3. 移动介质使用前进行病毒检查。 4. 禁用或拆除光驱	
8.3.5	调试设备安全	未按规定使用专用调试设备，未经许可使用自带调试设备，导致系统服务器感染病毒	调试设备安全	1. 专人负责调试设备管理。 2. 使用专用调试设备，禁止自带未经许可的调试设备在内网使用	
8.3.6	防病毒软件	新安装或操作系统升级后未及时安装防病毒软件，病毒库未定期更新，未定期查杀病毒等，防病毒措施不到位，导致系统服务器感染病毒	防病毒软件安装与使用	1. 定期检查各系统（包括新系统）计算机防病毒软件运行情况。 2. 定期离线更新病毒库。 3. 定期分析入侵检测系统记录，防止恶意代码的攻击	
8.3.7	权限管理	未做好权限、密码管理，造成自动化因此数据丢失或系统遇到不明人员使用而瘫痪	权限、密码管理	1. 各系统应有专人负责权限、密码管理。 2. 使用强口令，定期更换密码。 3. 安全 I 区工作站使用无 root 模式登录	
8.3.8	数据备份	未做好各类系统配置、源代码及运行数据备份与恢复管理，造成自动化数据丢失	数据备份与恢复管理	1. 专人负责数据备份。 2. 明确各自动化系统数据备份策略和时间。 3. 规定备份磁盘（介质）存放在地点。 4. 定期进行恢复性试验，确保备份功能和备份数据的可用性	
8.3.9	安全等级保护测评及评估	未按要求定期开展电力监控系统安全等级保护测评和电力监控系统安全评估	开展等级保护测评及评估	1. 按要求开展等级保护备案。 2. 定期开展电力监控系统安全等级保护测评。 3. 定期开展电力监控系统安全评估。 4. 变电站结合主站等级保护测评开展安全测评	

序号	辨识项目	辨 识 内 容	辨识要点	典型控制措施	案例
8.4	**网络安全运行管理**				
8.4.1	运行值班	未建立值班队伍、明确值班人员，运行值班手段不完备	值班队伍及值班人员	1. 省调应建立运行值班队伍 7×24 小时值班，并建立交接班制度。 2. 地级以下设置专人负责网络安全运行值班。 3. 运行值班人员每日做好网络安全运行日志记录工作，按月对运行情况进行统计、分析及汇总	
8.4.2	应急与演练	未编制应急预案，未进行应急演练	应急预案与应急演练	1. 建立网络安全事件应急机制。 2. 编制网络安全应急预案并滚动修编。 3. 每年至少开展一次应急演练	
8.4.3	网络安全业务闭环管理	新增或更改电力监控系统软硬件设备（配置）手续不完备	查验相应工作票或操作票流程资料	1. 建立网络安全业务申请制度。 2. 实现安全策略和数字证书等业务申请、审核、审批和操作的规范化闭环管理。 3. 按照电力监控系统安全规程开展工作	
8.4.4	重大活动网络安全保障	不具备网络安保任务计划、未编制网络安保实施方案、未进行网络安保检查	查验资料，应任务明确、方案可行、记录齐全	1. 编制重大活动网络安全任务计划并上报。 2. 编制重大活动网络安全实施方案并实施。 3. 开展重大活动网络安全保障检查	
9	**设备监控管理**				
9.1	**监控系统功能管理**				
9.1.1	监控功能管理	1. 系统权限功能不完善或权限分配不合理，导致越权操作或误操作。 2. 系统功能故障、通道中断、系统崩溃，导致设备监控运行监控不及时、不全面	建立健全监控系统权限管理制度；及时发现监控及通道异常	1. 建立监控系统权限管理制度，完善监控系统权限管理功能。 2. 监控功能应用发现问题及时通知相关人员处理；根据故障情况及时进行监控权移交运维人员；监控功能恢复后，经监控员验收核实，将监控权收回调控中心	
9.1.2	断路器远方操作	断路器远方操作功能不完善，断路器遥控验收不规范，影响断路器远方操作安全性	加快断路器远方操作功能改造，规范断路器遥控验收管理	1. 集中监控范围内断路器应全部具备远方操作功能。 2. 新纳入集中监控范围、控制回路发生变动的断路器遥控验收合格后方可投运	

序号	辨识项目	辨识内容	辨识要点	典型控制措施	案例
9.1.3	监控功能验收	监控功能未能满足日常监控要求，对调控工作形成安全威胁	监控员全过程参与监控建设与验收	建立监控实用化验收标准，实施实用化验收	
9.1.4	监控画面验收	监控画面不友好，造成监控盲点或视觉不明晰、操作不便捷	对监控画面进行验收，确保其符合监控工作要求	1. 建立监控信息分层报警、分类报警、分层连接等综合应用监控链接画面。 2. 监控画面建立巡视痕迹记录按钮，确保巡视到位。 3. 站名醒目，名称、实时参数与限值清晰，符合视觉习惯。 4. 报警信号醒目、明晰，辅之以不同音响报警，确保事故跳闸等重要信号具有一定的视觉冲击力。 5. 事故报文、事故音像有机结合，综合展现事故现象	
9.1.5	监控系统工作许可制度	在监控主站系统或站端系统以及通道工作安全措施不完善，造成误控设备或遗失部分监控功能等	建立监控系统工作许可制度	1. 建立监控系统工作一次化管理工作机制，实施当值调度与当值监控同步许可监控系统工作机制。 2. 在主站系统、站端系统或通道等工作影响正常监控时，移交监控权。 3. 建立安全措施审批制度，尤其要严格把控站端工作和通道工作的安全措施，防止事故发生	
9.1.6	视频监控功能	视频监控功能不完善，视频监控系统运行不稳定，影响监控人员对现场场景辅助巡视检查	完善视频监控功能，保证视频监控系统运行稳定	1. 监控员根据运行工作需要，提出视频工作需求（如自动巡视、主动告警等）。 2. 监控员应熟悉视频系统各项应用功能	
9.1.7	输变电设备状态在线监测系统功能与运行管理	1. 在线监测系统功能不完善，无法提示监控员及时发现设备异常运行状态。 2. 未建立相关监视运行管理规定，未明确各部门工作职责，导致告警信息不能及时处置	1. 完善输变电在线监测系统调控应用。 2. 明确各部门职责，做好信息处置	1. 完善输变电设备状态在线监测系统对调控运行监视的支撑功能。 2. 监控员应熟悉输变电在线监测各项应用功能。 3. 建立相关监视运行管理规定和协调沟通机制，明确各部门工作职责，明确信息处置闭环管理	

序号	辨识项目	辨 识 内 容	辨识要点	典型控制措施	案例
9.2	**监控信息管理**				
9.2.1	信息规范	监控信息不规范，造成冗余信息量大，漏监重要信息；重要信息不完整，造成监控遗漏	满足变电站典型监控信息管理要求，并按照"信息规范"进行分层分类	1. 按照大运行建设方案，编制信息规范，剔除冗余信息，补齐重要信息。 2. 按照变电站设备监控信息技术规范要求，统一命名规则、统一信息建模、统一信息分类、统一信息描述、统一告警分级、统一传输方式，提高监控判断效率和事故响应速度。 3. 调控中心应做好监控信息表的版本管理，监控信息表每次变动都应进行版本编号的更新，并标注更新原因、更新日期及被替换的版本编号	
9.2.2	信息审核	信息描述不规范，导致信息含义不明确；信息未按规定接入，导致重要信息无法监视，影响电网的安全运行	按照变电站典型监控信息规范审核信息表	1. 按照变电站典型监控信息相关规范要求审核信息表，确保其按规范表述。 2. 按照"变电站设备监控信息"要求，将监控信息按规定接入监控系统，特别是事故及异常类信息一定要单独上传，不能合并发出	
9.2.3	信息接入	信息接入不履行申请、审批、接入、验收手续，造成内容错误或缺失	规范信息接入手续	1. 建立信息接入申请、审批、接入、验收管理制度。 2. 严格信息接入规范，专人核对接入监控系统信息必须与信息表保持一致，必须由监控人员进行监控验收。 3. 信息接入相关联调资料和报告等及时修订并归档，确保内容可查，责任明确	
9.2.4	信息变更	信息变更不及时或错误，造成设备信息与监控系统信息不一致，漏监、错判信息	规范信息变更流程	1. 建立信息变更申请、审批、接入、验收管理制度。 2. 执行设备命名更名流程及管理规定，根据调度要求及时开展更名工作。 3. 核对相关变更设备画面、数据库、公式定义正确无误。	

序号	辨识项目	辨识内容	辨识要点	典型控制措施	案例
9.2.4	信息变更	信息变更不及时或错误，造成设备信息与监控系统信息不一致，漏监、错判信息	规范信息变更流程	4. 按照现场设备实际，与设备变更同步完成信息变更手续，涉及信号测量或控制回路变更的，即使信息表未发生变化也应重新进行联调验收。 5. 建立信息变更台账，及时录入变更情况	
9.2.5	信息验收	未按规范进行验收，无法验证信息上传的正确性，影响电网监控	按信息验收规范对信息进行逐一验收	1. 按信息验收规范对监控画面、相关资料、遥信、遥测、遥控（调）进行验收，发现问题及时解决，无法解决的，一定要有原因说明。 2. 验收工作要注明监控验收人及现场验收人姓名，以便明确相关责任。 3. 联调验收工作完成后，对联调记录、验收报告等资料及时整理和归档。 4. 根据联调记录修订并下发正式信息表	
9.2.6	信息释义	监控信息描述不清晰，导致信息含义模糊，造成误判或错判事故	规范监控信息描述，编写监控信息释义教材，加强监控人员培训	1. 依据信息规范，逐条释义。 2. 加强培训，确保监控员明确信息含义。 3. 对新设备、新技术带来的新信息、新术语进行释义培训，确保新信息含义清晰	
9.3	**监控运行管理**				
9.3.1	集中监控许可	1. 集中监控技术条件是否满足对变电站进行有效集中监控。 2. 变电站是否未经申请或申请不符合要求就纳入集中监控。 3. 变电站集中监控试运行期间，是否存在安全隐患，监控业务移交工作方案是否不完善或未按方案进行业务移交。 4. 变电站集中监控评估是否规范，有无不符合集中监控条件的变电站纳入集中监控。	1. 检查变电站集中监控技术条件。 2. 按变电站集中监控申请规范填报集中监控申请。 3. 检查变电站监控业务移交工作计划是否落实。 4. 检查变电站集中监控评估报告是否规范。	1. 变电站设备已完成验收和调试，正式投入运行，并满足集中监控变电站技术条件要求。 2. 按变电站集中监控许可管理规定做好集中监控许可申请流程并闭环。 3. 严格履行变电站集中监控申请许可、审核、批复制度。 4. 成立监控业务移交工作小组，按规定进行变电站集中监控试运行工作（至少两周）。 5. 制定监控业务移交工作计划和日期，并做好监控运行人员现场设备熟悉和培训工作。 6. 定期开展集中监控信息核对工作，落实监控缺陷整改情况。	

序号	辨识项目	辨 识 内 容	辨识要点	典型控制措施	案例
9.3.1	集中监控许可	5. 是否按要求和规范进行变电站监控业务许可交接	5. 严格履行变电站监控业务许可交接手续	7. 变电站在集中监控试运行期满后，监控业务移交工作组对试运行情况进行分析评估，形成集中监控评估报告，集中监控评估报告作为许可变电站集中监控的依据。 8. 运维单位和调控中心按照批复进行监控职责移交，由调控中心当值值班监控员与现场值班运维人员通过录音电话按时办理集中监控职责交接手续并向相关调度汇报，同时做好交接记录	
9.3.2	监控范围	监控范围不清，造成漏监视、误遥控	合理划分监控范围，明确各自监控职责	1. 建立按电压等级整站监控的监控范围划分原则。 2. 明晰大运行、大检修调控机构、运维单位对同一变电站的监控范围，重点针对一次设备运行方式（含站用电运行方式）、二次设备运行状态、通信通道、主站与站端自动化等界面全面梳理，确保责任清晰无盲点。 3. 确保监控系统中相关监控责任区的划分正确，各责任区内监控信息归属正确，监控权限维护正确	
9.3.3	信息分类	监控信息分类规则不明确，导致信息类别混乱、错误，造成重要信息漏监、误判事件	规范监控信息分类定义，有信息分类标准规范性文件，有信息分类正确性评价机制	1. 制定具有指导性的监控信息分类规范。 2. 制定信息分类评价考核机制，建立线上定期考核工作流程。 3. 充分利用专业管理工具实现信息分类自动校核及纠错机制	
9.3.4	监控缺陷管理	缺陷处理流程不清晰，缺陷处理不及时，缺陷消缺验收闭环不及时，影响设备正常监控，给电网安全运行带来隐患	发现缺陷后，及时启动缺陷流程；督促运维单位或自动化运维班及时处理缺陷；监控人员及时验收缺陷并闭环终结	1. 打通 OMS 与 PMS 信息通道，实现监控电气缺陷大运行与大检修之间信息流转。 2. 理清监控缺陷管理职责，建立由设备监控管理处负责监控缺陷管理，检修部门负责监控缺陷处理的联合处置机制。 3. 建立跨部门流转的缺陷处理流程，实现缺陷的发起、记录、处理、验收的闭环管理，确保缺陷及时处理。 4. 建立监控缺陷管理台账	

序号	辨识项目	辨识内容	辨识要点	典型控制措施	案例
9.3.5	监控运行分析评价	1. 未按照设备监控运行分析相关规定定期开展监控月报、年报统计分析，未编制分析报告，导致对设备监控运行存在的问题和隐患预控、整改不力。 2. 未按照监控运行分析相关规定对重大事故进行专项分析，未编制分析报告，汲取事故教训不力。 3. 未建立监控业务评价指标体系，未按照集中监控业务评价制度开展业务评价工作，未编制评价报告，导致监控运行指标失真	1. 检查是否开展集中监控运行统计分析工作。 2. 检查是否开展监控运行专项分析工作。 3. 检查是否开展集中监控业务评价工作	1. 对监控信息数量进行统计，对监控信息按类别进行分析，对监控缺陷进行统计和分析，加强对新增缺陷、遗留缺陷的统计分析，编制完整的监控分析报告，对误报、漏报、频发监控信号及监控信息处置等进行重点分析，落实整改措施。 2. 对重大事故进行专项分析时，要对故障前变电站的电网运行方式、故障过程概要及故障告警信号进行分析，编制完整的分析报告，下发相关人员学习。 3. 建立有效监控业务评价指标体系，定期对监控业务开展量化评价，并编制评价报告，对评价中发现不合格指标及时提出改进措施，持续提高监控运行水平	
9.3.6	监控大数据应用	1. 监控信息频发信息分析不准确，信息与设备关联不正确。 2. 监控缺陷推送不及时、不准确，缺陷处置流程未反馈，超期缺陷未督促处理。 3. 电网事故跳闸事件自动抓取不准确，存在漏抓、错抓情况	1. 检查监控大数据系统是否正确读取检修计划数据、实时告警数据，检修信息、伴生信息等筛查逻辑是否及时更新。 2. 检查监控大数据系统是否基于 OP 互联正确读取 PMS、OMS 系统缺陷数据，告警信息、缺陷是否与设备建立明确关联映射关系。 3. 检查监控大数据系统是否正确设定事故抓取逻辑及判定规则，事故抓取结果是否定期核准	1. 制定完善的系统数据源定期核查校核机制。 2. 制定系统功能准确性、稳定性定期核查纠错机制。 3. 组建专业技术支撑团队，建立监控信息筛查、监控缺陷判定及跳闸事故抓取功能的定期核查反馈流程	

序号	辨识项目	辨 识 内 容	辨识要点	典型控制措施	案例
10	**配网抢修指挥**				
10.1	**配抢人员状态**				
10.1.1	配抢值班人员配置	配抢值班人员配置不足，导致各班人员工作时间延长，工作强度加大，值班人员易疲劳，有可能引起接派单超时、延误停送电信息及时、规范报送	保证配抢值班人员的配置	应达到配抢值班人员配置标准	
10.1.2	配抢值班人员业务能力	新进配抢值班人员或配抢值班人员长期脱离工作岗位，不熟悉系统操作和工作要求，无法确保服务指标的完成	上岗培训	1. 配抢值班人员在独立值班之前，必须经过现场及配抢知识学习和培训实习，并经过考试合格取得上岗证书后方可正式值班。 2. 配抢值班人员离岗一个月以上者，应跟班1～3天熟悉情况后方可正式值班。 3. 配抢值班人员离岗三个月以上者，应经必要的跟班实习，并经考试合格后方可正式上岗。 4. 建立定期培训制度，每季度至少开展一次集中培训	
10.1.3	配抢值班人员状态	当班配抢值班人员身体状态不佳，无法进行正常工作	良好身体状态	1. 接班前应保证良好的休息。 2. 接班前8小时内应自觉避免饮酒。 3. 当班时应保持良好工作状态，不做与工作无关的事情。 4. 严禁值班人员违反规定连续值班，特殊情况，经请示中心领导同意后，方可连续值班	
10.1.4		配抢值班人员情绪不佳，精力不集中，无法胜任值班工作	良好精神状态	1. 接班前调整好精神状态。 2. 情绪异常波动、精力无法集中的，不得当班。 3. 保证必要的休假，调整调控运行值班人员身心状态及生活节奏。 4. 请心理专家定期组织对工单受理员进行心理疏导	

序号	辨识项目	辨识内容	辨识要点	典型控制措施	案例
10.2	**配抢交接班**				
10.2.1	值班日志	值班日志未能真实、完整、清楚记录抢修服务情况以及停电情况，导致延误客户抢修、误指挥	值班日志正确记录	值班日志内容要真实、完整、清楚，对于遗留工作必须按照5W1H要求，交接清楚	
10.2.2	交班值准备	交班值没有认真检查报修工单的处理情况，导致交班时未能正确交待，造成下值漏派单延误抢修或造成抵达时间漏保存造成抵达现场超时	交班正确	1. 接班值按规定提前到岗。 2. 加强值班考勤管理，严禁私自换班，一般情况下不允许值班人员连续值班。 3. 全面查看值班日志，检修系统中的工单记录、停电记录是否与系统保持一致。 4. 查看最新工作要求，检查设备网络电源系统的异常记录，做好危险点分析、事故预想以及应对措施	
10.2.3	接班值准备	接班值未按规定提前到岗，仓促接班，未经许可私自换班，未能提前掌握抢修工单状态、停电情况，对交班内容错误理解、不能及时发现问题，造成漏派单、误保存抵达时间、漏答复客户等情况	接班准备充分	交班值全面检查抢修工单状态（未完成的是否全部派至各抢修队，未保存抵达时间的工单以及归组需要答复的工单，转处理工单记录），停送电记录（未送电的停电信息，部分送电的停电信息），设备、系统、网络、电源异常情况	
10.2.4	交接班过程	交接班人员不齐就进行交接班，交接班过程仓促，工单记录、停电信息、设备等异常事件和当班联系的工作等交接不清，导致接班值不能完全掌握现前抢修服务工作情况、工单状态，造成延误抢修、延误停送电信息报送、延误设备等异常信息的收集等	交接清楚当前配抢服务指标相关的全部信息	1. 交接班人员不齐不得进行交接班。 2. 交班值向接班值详细说明当前服务工单状态、停送电信息的报送、转处理工单情况、抢修后续处理的工作完成情况、需要答复客户的归组工单提醒、新的工作要求、新的服务规定政策、存在的问题等内容及其他重点事项，交接班由交班值值班长主持进行，同值人员可进行补充。 3. 接班值理解和掌握交班值所交待的全部情况。 4. 交班值须待接班值全体人员没有疑问后，方可完成交班。	

序号	辨识项目	辨 识 内 容	辨识要点	典型控制措施	案例
10.2.4	交接班过程	交接班人员不齐就进行交接班，交接班过程仓促，工单记录、停电信息、设备等异常事件和当班联系的工作等交接不清，导致接班值不能完全掌握现前抢修服务工作情况、工单状态，造成延误抢修、延误停送电信息报送、延误设备等异常信息的收集等	交接清楚当前配抢服务指标相关的全部信息	5. 交接班期间发生电网故障多发时，抢修工单突然增多，应终止交接班，由交接值值长进行统一指挥，接班值配合，共同做好抢修服务工作，待应急处理告一段落，方可继续交接班	
10.3	**系统、网络监管**				
10.3.1	配抢值班纪律	当班人员未认真遵守配抢值班纪律，擅离岗位，网络、业务支撑系统运行失去监管，导致工单超时接派单事件发生	当班人员认真执行配抢工单受理员值班纪律	1. 制定完备的配抢值班制度。 2. 值班时间必须严格执行劳动纪律。 3. 值班人员当班期间严禁脱岗。 4. 值班室应保持肃静、整洁、不得闲谈、不得会客、不做与配抢业务无关的事	
10.3.2	网络故障、系统处理	计算机工作正常，但抢修服务网页无法打开，导致95598派发的抢修工单不能及时接派单和已派工单不能及时保存抵达现场时间，造成超时	加强监管，及时处理	1. 对于网络故障，立即启用备用网络，确保配抢工作正常开展，应立即进行汇报，做好记录。 2. 对于双网络都出现故障，不能登录服务系统，或服务系统故障，应立即起用应急预案，做好接派单和客户抢修服务工作，及时汇报，做好记录	
10.4	**当班工作联系**				
10.4.1	联系规范	配系时未互报单位、姓名，联抢联系事由，重要信息进行核对，导致工单回复不规范和错回单事件	配抢联系时形式规范	1. 配抢联系时必须首先互相通报单位和姓名。 2. 配抢联系要严肃认真、语言简明、使用统一规范的服务用语。 3. 采用电话形式派发工单时，做到三个说清楚（报修工单地址说清楚、报修客户的联系电话说清楚、报修情况说清楚）。 4. 接听抢修人员回复工单的电话时，做到三个问清楚（故障现象询问清楚、故障处理情况询问清楚、与客户对接情况询问清楚）	

序号	辨识项目	辨识内容	辨识要点	典型控制措施	案例
10.4.2	核对抢修范围	对客户报修地址没有仔细核对抢修管辖范围，盲目派单，导致抢修延误，抵达现场超时，严重时引起客户投诉	抢修工单的下派遵守抢修管辖范围的规定	1. 应熟悉各抢修队管辖范围及抢修范围划分规定。 2. 一般情况下应严格执行抢修范围划分的相关规定，避免抢修范围随意变动	
10.4.3	联系及时准确	上下级之间联系汇报不准确、不及时，汇报内容不完整，导致对方不能及时准确了解情况，造成误判断或误指挥	联系汇报应及时准确	1. 应严格执行配抢联系汇报制度。 2. 汇报时应思路清晰，内容完整	
10.4.4	排除电话干扰	事故处理时，没有关注主要信息，受到不必要的电话干扰，导致工单超时或停送电信息报送差错	集中精力，排除干扰	1. 陌生电话暂不接听。 2. 工单处理到位、停送电信息处理妥当，闲暇之余再回拨陌生电话，询问有何需求或解答	
10.5	**停电信息报送管理**				
10.5.1	停电信息及时录入	录入系统的停电信息时间及时性要求不满足国家电网公司停送电信息报送要求	按时录入，确保及时报送	1. 计划停电信息录入要确保提前 8×24 小时报送。 2. 临时停电信息录入要确保提前 1×24 小时报送。 3. 故障停电信息在故障发生后 30 分钟内报送。 4. 其他停电信息提前 1 小时报送	
10.5.2	停电信息及时审核报送	录入系统的停电信息内容是否与我们接受到的停电信息一致，是否符合国家电网公司的规范要求，避免发生错录导致 95598 答复客户发生差错，引起客户投诉，或者不规范造成省公司、国家电网公司审核不通过，退回	核对录入内容是否完整、规范	当班值值长或者指定的审核人，应认真审核系统内录入的停电信息内容，尤其是停电线路的名称、停送电时间、影响客户的范围，是否与接收到的信息内容一致，录入的信息是否符合国网的要求，确保停电信息报送的规范性	
10.5.3	停电信息送电时间及时填报	工单受理员对当班期间的停电信息情况不清楚，导致停电信息漏送电	停电信息送电时间是否及时填报	1. 当值值班员应充分掌握本班停电工作情况及预计送电时间。 2. 当值值班员应在接到现场送电的信息后，在 10 分钟内将送电时间填入系统。 3. 当值值班员获得相关单位延时送电信息后，应在计划结束时间前半小时发起延时送电变更流程。 4. 当值值班员应在交接班前应再次检查本班该送电的停电信息是否已将送电信息录入系统	

序号	辨识项目	辨识内容	辨识要点	典型控制措施	案例
11	**通信管理**				
11.1	**通信调度**				
11.1.1	通信工作联系制度	未建立业务部门与通信部门联系制度，导致业务通道故障得不到及时修复，影响电力系统正常指挥及运行	建立完善业务部门与通信部门联系制度	1. 建立并完善业务部门与通信部门联系制度，明确职责界面，理顺工作流程。 2. 通信部门建立 24 小时值班制度，受理电网通信业务故障报修。 3. 通信部门对电网通信业务运行情况进行实时监视，发生异常及故障时迅速处置并将业务受影响的情况及时通知相关业务部门，在规定时间内不能完成故障处理时，应主动向对方说明情况	
11.1.2	通信运行维护职责划分	通信运行维护职责不明确，界面不清晰，导致故障处理时责任不明确，故障时间长，延误送电或影响电网运行	明确各级通信设备运维单位和相关（部门）的运行维护职责	1. 明确各级通信设备运维和相关单位（部门）的运行维护职责。 2. 运行维护界面有变化时及时上报上级管理单位（部门）。 3. 遇通信故障时，通信设备运维单位应积极配合，优先恢复业务	
11.1.3	通信故障处理指挥	继电保护、安全自动装置、调度电话、自动化通道等故障处理不当，导致业务恢复不及时	分析故障类型，确定处理方式。按照"先抢通，后抢修"的原则恢复中断的通信业务	1. 全面分析故障现象，熟悉网络和设备现状，确定正确的处理方式。 2. 及时寻求技术支持，与相关专业人员进行会商，及时向电网调度及相关业务部门通报故障处理情况，必要时采取临时通信方案	
11.1.4	通信通道方式安排及优化	因重要业务通道方式安排不合理，基建过渡等原因，造成继电保护及安全自动装置、调度数据网、调度电话等电网重要业务通道可靠性降低、存在重载通信光缆和设备	核查通道方式安排，督促基建实施进度。优化网络结构，核查通道方式安排	1. 核查重要业务通道方式安排满足 $N-1$ 及以上要求。 2. 调整和优化通信网络结构，确保 220kV 双通道线路保护所对应的四条通信通道应至少配置两条独立的通信路由，通道条件具备时，宜配置三条独立的通信路由。500kV 及以上双通道线路保护所对应的四条通信通道配置三条独立的通信路由（简称"双保护、三路由"）。	案例 14

序号	辨识项目	辨 识 内 容	辨识要点	典型控制措施	案例
11.1.4	通信通道方式安排及优化	因重要业务通道方式安排不合理，基建过渡等原因，造成继电保护及安全自动装置、调度数据网、调度电话等电网重要业务通道可靠性降低、存在重载通信光缆和设备	核查通道方式安排，督促基建实施进度。优化网络结构，核查通道方式安排	3. 确保业务实际路由与安排路由一致。 4. 核查单台通信设备、光缆承载继电保护及安全自动装置业务通道情况。 5. 通过基建、技改项目实现通信网络、光缆优化改造	
11.1.5	通信电源方式安排	因电源方式安排不合理，造成继电保护及安全自动装置、调度数据网、调度电话等电网重要业务运行可靠性降低	核查电源方式安排，对发现的隐患积极落实整改	1. 严格按照《国家电网有限公司通信电源方式管理要求（试行）》规定，建立健全通信电源方式闭环管理机制，严禁无方式单投退负载，杜绝接线错误、容量不足、图实不符、监视缺位等问题。 2. 通信站电源新增负载时，应及时核算电源及蓄电池容量，如不满足安全运行要求，应对电源实施改造或调整负载。 3. 通过变电专业或通信专业技改大修等项目落实通信电源方式整改优化	
11.2	**通信检修**				
11.2.1	检修计划	检修计划安排不全面、不合理，造成通信检修工作无法正常开展或影响电网线路和设备运行	认真审核检修计划	1. 定期组织或参加通信检修协调会，与上下级通信检修部门充分沟通，合理安排检修计划。 2. 与电网调度、检修及业务部门建立工作联系机制。通信大修、技改等工程编制检修计划时，需及时通报相关专业。电网一次检修工作影响通信光缆或通信设备正常供电时，电网检修部门应按通信检修工作要求时限提前通知通信运行部门，纳入通信检修管理。 3. 因电网检一次检修对通信设施造成运行风险时，通信运行部门按照通信运行风险预警管理规范要求下达风险预警单，相关部门严格落实风险防范措施	案例15
11.2.2	检修会签	检修工作流程不完善，涉及影响调度生产通信业务的检修申请单未进行相关专业会签同意，即在运行设备或缆线上工作，导致调度生产通信业务通道中断	规范检修工作票专业会签流程	1. 检修工作票应履行相关专业会签、审批流程。 2. 涉及影响调度生产通信业务的检修工作票应经相关专业会签或许可，得到同意后方可进行	

序号	辨识项目	辨 识 内 容	辨识要点	典型控制措施	案例
11.2.3	检修审批	通信检修工作作票审批流程不完整，把关不严，答复不及时，意见不明确	核实内容，正确、及时审批检修工作票	1. 检修工作票应严格履行审批流程。 2. 对检修内容、影响业务范围、安全保证措施等进行核实把关，对影响业务范围的正确性负责。 3. 正确、及时答复检修工作票	
11.2.4	现场作业安全措施	通信检修工作未开展相应的危险点分析，编写标准化作业文本，制定相应的应急对策	通信检修工作应开展危险点分析，按规范编写标准化作业文本，并制定应急对策	督促运维单位严格依据《国家电网公司通信检修管理办法》[国家电网企管（2017）312]、《国家电网公司电力安全工作规程（变电部分）》（Q/GDW 1799.1—2013）与《国家电网公司电力安全工作规程（信息部分）（试行）》《国家电网公司电力安全工作规程（电力通信部分）（试行）》《国家电网公司电力安全工作规程（电力监控部分）（试行）》的相关规定，办理相关作业文本并履行审批手续	
11.2.5	现场操作规范	现场设备与运行资料不符，未按规定及要求进行通信设备的施工、检修、检查等，人为造成设备故障、损坏等	规范现场作业制度，落实安全技术措施	督促运维单位严格执行《电力通信现场标准化作业规范》（Q/GDW 721—2012），根据作业范围和作业内容填写相应的标准化作业文本，并履行审批手续	
11.3	**工程项目**				
11.3.1	通信工程设计	通信网络工程设计不合理，不符合入网要求，给安全运行带来隐患	通信部门参与工程可研、初设、审查等前期工作	1. 通信部门参与工程立项、初设、审查等前期工作，对通信系统设计提出要求，参加相关审查会议及会议纪要的会签。 2. 通信工程设计文件的编制应遵循通信工程规划原则，达到《电力系统通信系统设计内容深度规定》（DL/T 5447—2012）满足《国家电网有限公司十八项电网重大反事故措施（修订版）》（国家电网设备〔2018〕979 号）的相关要求。 3. 通信部门应参加设计审查，其对技术方案、设备配置等方面提出的意见和建议应在会议纪要中完整的记录	

序号	辨识项目	辨识内容	辨识要点	典型控制措施	案例
11.3.2	通信工程验收	通信工程验收不严,给安全运行带来隐患	按相关验收程序进行工程验收,进行验收测试和资料移交	1. 严格按照《电力光纤通信工程验收规范》(DL/T 5344—2006)进行工程阶段验收和竣工验收。 2. 通信工程验收时应按相关管理规范进行系统技术指标测试,在达到技术规范书要求时,方可通过验收。 3. 建设、施工单位应提交工程验收测试报告及竣工图纸等资料。运行单位做好竣工资料的收集、整理和存档	
11.3.3	通信工程投运	不满足投运条件即投入运行,给正常运行带来隐患	完成工程验收,遗留问题已解决后方可投运	1. 通信工程需经过正式竣工验收后才能正式投入运行。 2. 投运前应完成工程遗留问题的整改。 3. 按照通信投运方案和业务运行方式单的内容进行设备配置和接线,相关数据应准确录入通信管理信息系统,并确保业务图实相符	
11.4	**技术安全监督**				
11.4.1	通信保障能力考核制度	通信保障能力考核制度不完善,通信保障不力,导致调度通信业务中断延误送电或影响电网事故处理	制定完善的通信保障能力考核制度	1. 制定完善的通信保障能力考核制度,加大考核力度制定通信业务保障顺序及应急处置预案,并滚动修订完善。 2. 及时核查年、月度检修计划,提出通信保障要求。 3. 定期核查通信部门设备运行统计分析报告及年度通信运行方式,对重要业务通道、备调业务通道运行情况和应急通信保障能力进行考核	
11.4.2	反事故措施	反事故措施执行不到位,导致电网事故	严格执行反事故措施	贯彻《国家电网有限公司十八项电网重大反事故措施(修订版)》(国家电网设备〔2018〕979号)的相关要求,督促运维单位定期排查,并掌握反事故措施落实情况	
11.4.3	事故调查分析	事故调查分析不到位,导致安全隐患未消除	严格执行事故调查规程	组织及参与通信事故调查,深层次分析原因,制定整改措施并督促运维单位落实到位	

序号	辨识项目	辨识内容	辨识要点	典型控制措施	案例
11.4.4	人员培训	对关键岗位人员培训考核不到位,导致发生人为事故	严格执行人员安全管理要求	对承担通信网规划、设计、建设、运维管理等关键岗位的人员开展培训和考核,对关键运维岗位建立持证上岗制度,明确持证上岗要求	
11.4.5	系统评估	未有效开展通信网等保测评、风险评估等工作,导致通信网出现系统性事故	严格执行通信网等保测评、风险评估的管理要求	按国家及行业主管部门要求,组织相关业务部门对通信网进行符合性测评、风险评估和检查工作,对安全评估中发现的重大隐患和检查中发现的问题,应组织督促通信运维单位立即整改,短期内无法整改的,要制定整改计划	

典型案例

【案例1】　　　　**××公司方式员、调度员危险点分析预控工作不到位，发生误调度事故**

专　　业： 调度运行

事故类型： 误操作

　　××公司××变电站进行 1 号主变压器 5011 闸刀消缺检修工作，工作要求该变电站 1 号主变压器 501 开关、110kV Ⅰ 母线转检修。鉴于该变电站 35kV 部分总负荷最大约 5.6 万 kW，110kV 部分总负荷最大约为 12 万 kW，总负荷最大约为 18 万 kW，因此安排 2 号主变压器带 110kV 部分全部负荷，1 号主变压器带 35kV 部分全部负荷。

　　07:00，地调进行××变电站 110kV Ⅰ 母线及 1 号主变压器 501 开关由运行转检修操作，该变电站值班员拉开 2 号主变压器 302 开关后，1 号主变压器 301 开关带 35kV 全部负荷。检查正常后，运维操作人员到室外 110kV 设备区进行 501 开关转冷备用的操作，发现闸刀电动操作没有任何反映，在控制室检查站用电屏时才发现站用电失电。07:20，地区监控班××向地调调度员××汇报：××变电站 1 号主变压器 301 开关跳闸，造成 35kV Ⅰ、Ⅱ 段母线失压。

　　经调查，××变电站 1 号主变压器 301 开关跳闸原因为：××变电站 1 号主变压器低压侧解环后，因当日天气炎热，县区 35kV 负荷增长迅速，35kV 301 开关在带上 35kV Ⅰ、Ⅱ 段母线后，35kV 全部负荷随着气温的升高超过了 1 号主变压器 35kV 侧额定负载能力，从而保护动作跳闸。

暴露问题：

　　（1）调控中心运行方式人员安排检修方式不合理，未充分考虑方式变化后可能带来的过负荷情况，未交待清楚当发生过负荷后如何进行倒电或限电，是造成 35kV 两段母线失电的主要原因。

　　（2）调度员对××变电站 1 号主变压器解环操作中主变压器负荷变化情况未充分关注，事故预案及危险点分析预控工作不到位，未能预判到可能出现的过负荷情况，操作前未进行 PAS 系统模拟操作。在出现过负荷情况时没有及时采取负荷调整的措施，是造成 35kV 两段母线失电的主要原因。

　　（3）监控人员在××变电站 1 号主变压器解环操作中主变压器负荷变化情况未充分关注，未及时向调度员报告主变压器过负荷信息，是造成 35kV 两段母线失电的次要原因。

防止对策：

　　（1）提高方式员、调度员、监控员人员的技能水平，提高危险点分析预控措施的针对性，管控电网风险。完善落实调度合解环操作规范，强化方式员、调度员业务技能培训，组织运行人员开展反思总结，强化员工对规章制度的执行力，提高识别操作过程中的安全风险的能力。

（2）提高运维操作人员技能水平，提高对类似解列操作中负荷变化等注意事项的理解，提高对保护配置情况和定值参数等异常信息的敏感度。

【案例2】 ××公司调度值班员因对系统方式不清误下调度命令，发生误拉开关导致主变压器失电事故

专　　业：调度运行

事故类型：误操作

某日 00:30，A 电厂执行 220kV 2268 线从正母倒向副母操作。事故前的系统接线如图 1 所示。

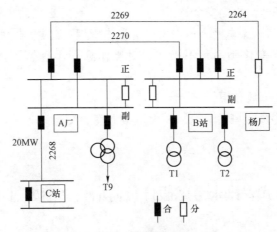

图 1　系统接线图

当时运行方式中，A 电厂正母唯一电源是 2268 线，当省调按照事先拟写的操作票发令 A 电厂将 2268 从正母倒向副母时，电厂值长提出热倒时 GIS 母联改为非自动后，2268 母刀操作电源失却，将无法执行倒母线操作，因此只能改为冷倒（母联不改非自动，

线路开关先拉开后，线路母线闸刀先拉后合实现倒母线）。当值副值调度员未与正值调度员商量，也未仔细核对调度盘，即轻率地同意更改操作项目为冷倒。00:32，A 电厂拉开 2268 开关后，发现 GIS 正母线及所供 9 号主变压器失电，立即汇报省调。00:34，省调发令 A 电厂重新合上 2268 开关，对 9 号主变压器送电。9 号主变压器所带地区负荷停电 2 分钟。事故损失电量 90kWh，该事故中断了该省调的安全记录。

暴露问题：

（1）当班副值调度员对发令时的系统方式不清，在电厂提出要停电冷倒母线时，没有意识到停电倒母线先拉线路开关，会导致所送母线和主变压器失电。

（2）按照正常操作票操作发生疑问需改变操作内容时，副值调度员未向正值调度员汇报，未征得正值调度员的同意，也未核对调度盘及系统方式，轻率地同意改变操作内容。

（3）违反两票三制规定，在未经正值调度员审核下，发出了错误的操作命令，导致了事故发生。

防止对策：

（1）加强调度员责任心教育，增强责任感，提高安全意识。

（2）组织调度员重新学习《调度规程》《国家电网公司电力安全工作规程》《国家电网公司事故调查规程》。

（3）强调调度发令的三个"不"：方式变化不清楚不操作、对操作意图不理解不操作、操作内容临时变化未经审核批准不操作。

（4）对操作过程中可能引起的事故做好事故预想。

（5）坚持接班后的工作联系，加强调度员接班后与电厂、上下级调度、变电站等单位的工作联系，了解电网的运行情况及当班重要工作。

【案例3】 ××公司方式安排未考虑假日负荷增长，造成过流保护动作

专　　业：运行方式

事故类型：误安排

某 220kV 变电站进行 110kV Ⅱ 母检修工作。事前运行方式为 1、2 号主变压器 110kV 开关处 Ⅱ 母运行，3 号主变压器 110kV 开关处 Ⅰ 母运行，110kV 旁路开关处代母联热备用状态。操作过程中，运行人员将 110kV 旁路开关改为代母联运行状态，并投入过流保护，当先后拉开 1、2 号主变压器 110kV 开关后，110kV 旁路开关过流保护动作，跳开 110kV 旁路开关，造成 110kV Ⅱ 母线及所供的

2 个 110kV 变电站失压。

暴露问题

（1）在检修方式安排时，相关专业人员未开展有效计算校核工作，未发现 110kV 旁路开关继电保护定值不满足要求，未采取负荷转移、修改有关保护定值等预控措施。

（2）操作前，调度员未开展实时潮流计算，对负荷转移潮流把握不准确，导致旁路开关过流保护动作，造成 110kVⅡ母线及所供的 2 个 110kV 变电站失压。

防止对策：

（1）严格按照《电力系统安全稳定导则》《电力系统安全稳定计算技术规范》《国家电网安全稳定计算技术规范》等标准、规定，开展电网运行相关计算分析工作。

（2）依据《电力系统安全稳定导则》及系统计算分析结果，制定电网运行规定、稳定限额和稳定控制措施。

【案例 4】 ××公司调度值班员漏发复役令，造成带接地线合闸的恶性误调度事件

专　　业：调度运行

事故类型：误调度

　　××公司 110kV ××变电站的 10kV ××线路电缆故障处理过程中，当值调度员在对电缆试验工作地点由线路转移至变电站过程中的设备状态管控不到位，严重违反《调规》"事故处理告一段落后的方式调整及恢复操作应填写倒闸操作票，并将操作任务预发至现场"的相关规定，漏发了××班组的操作复役令，造成操作人员发生带接地合闸的恶性误调度事件。

暴露问题：

（1）当值调度员对现场设备状态把关不严，对变电站电缆许可工作时确证过线路在冷备用状态的，复役时认为线路仍在冷备用，未与现场再次核对，导致带接地闸刀合开关。

（2）调度员在电缆试验工作结束后，在送电过程中安全防范意识不强，未对对侧状态引起足够重视，未再次确认，导致事故发生。

（3）按照相关运行管理规定，调度员在事故处理告一段落后应开票，实际上调度员因后续工作未确定而未开票；本起事故处置过程中，也暴露出调度员的安全意识、防范能力、协调能力有所欠缺。

防止对策：

（1）加强日常工作管控。每周编制工作安排及管控措施；并对当日的缺陷和事故处理进行汇总分析，遗留未处理完成的问题也必须提出管控措施。

（2）落实到岗到位制度。对调度员的每一项操作，管理人员必须审核操作票，对大型的操作、事故处理，管理人员必须到调度台或现场指导协助。

（3）加强危险点管控。滚动修订事故预案、危险点分析等各类技术支撑资料；修订后在安全活动中集中学习。

（4）加强业务培训。在业务培训上下大功夫；以集中授课、师带徒、自学、互学等手段强化业务技能培训。

【案例5】　　　××公司发生 500kV 电缆故障，造成所供下级 3 座 110kV 变电站停电，损失负荷 8 万 kW

专　　　业： 调度运行

事故类型： 方式安排不合理

××月××日 20:37，500kV 线路 SJ5191 线电缆故障，两侧第一套、第二套主保护动作，JA 站 500kV 1 号主变压器跳闸，造成 JA 站 220kV 一/二母、JA 站 4 号主变压器、AW2A31 及 AJ2A33 线失电，所供的下级 110kV DT 站、YP 站、PT 站三座变电站停电。据初步核查，直接损失负荷约 8 万 kW，影响市中心部分地区居民和部分用户用电（约 1.3 万户），地铁 JA 站动力电源失却，造成一定社会影响。

20:47，许可 JA 站 4 号主变压器改为热备用，AJ2A33 改为热备用；20:48，许可 AW2A31 线改为热备用；21:12，发令 JA 站 220kV 一/三母分段改为运行；21:14，发令 JA 站 220kV 二/四母分段改为运行；21:17，许可 JA 站 4 号主变压器改为运行；21:26，许可 AW2A31 线改为运行；21:47，许可 AJ2A33 线改为运行；22:18，故障影响范围内全部恢复供电。

事故前方式，JA 站，220kV 一/三母分段、二/四母分段热备用，220kV 1、2 号母联运行。SJ5191/JA 1 号主变压器送 220kV 一/二母，SA5192/JA 2 号主变压器送 220kV 三/四母。JA220kV 4 号主变压器 220kV 二母运行，AW2A31、AJ2A33 一母运行。XA2A50 线/JA 站 5 号主变压器、HD1224 线处于检修状态。

暴露问题：

（1）对检修计划安排和方式布置不周全，薄弱方式下风险预警预控不到位。

（2）对老站改造工程协调管控不力，500kV 电缆等主设备运维管理，监测能力不到位。

（3）对重要用户管理不力，督促用户供电安全隐患整改不力。

防止对策：

（1）落实责任，明确分工，建立完善的内部安全保障控制机制。

（2）全面开展电网隐患辨识，做好危险点分析，落实风险预警。

【案例 6】 ××供电公司 10kV ××重要用户变电站，一条电源线路检修期间方式安排不合理，发生全停事故

专　　　业： 调度运行

事故类型： 误操作

10kV ××用户站运行方式：10kV ××用户站为一级重要用户变电站，共有三路进站电源，分别为××供电公司管辖的××变电站 978 线路和××变电站 687 线路和××变电站 48 线路。

××变电站 978 线路至 10kV ××用户站电缆线路故障检修期间，10kV ××用户站由××变电站 687 线路和××变电站 48 线路供电，供电方式由三电源变为双电源。

在 10kV ××用户站一条电源线路检修期间，××变电站 687 线路发生零序保护动作跳闸，经配电工区运维人员查出故障电缆并有效隔离后，××地调当值调度员下令将××变电站 687 线路后一部分负荷倒由××变电站 48 线路带路，由于 10kV ××重要用户接入××变电站 687 线路后一部分，实际造成 10kV ××重要用户两路电源均由××变电站 48 线路供电，成为假双电源供电方式，在此非正常方式下，××变电站 48 线路发生速断保护动作跳闸，导致 10kV ××重要用户站内全停，造成重大负荷损失。

暴露问题：

（1）调度员进行故障线路带路操作时，未考虑重要用户供电可靠性。

（2）虽然有三路进站电源，重要用户实际运行方式薄弱。

（3）配电工区故障电缆检修耗时较长，导致电网非正常方式运行。

防止对策：

（1）调控系统全员学习《调度规程》《国家电网公司电力安全工作规程》，供电公司全面整顿学习，层层落实安全生产责任制。

（2）当值调度员结合电网实际运行方式，优化电网故障隔离后的带路方式。

（3）核查重要用户接线方式，选取可靠的电源接入点，保证重要用户供电可靠性。

【案例 7】　　××变电站电压切换继电器插件损坏引起 110kV 备自投拒动，导致全站失电

专　　业：继电保护

事故类型：装置故障

某变电站 110kV 进线一失电，该变电站 110kV 备自投未动作，导致该变电站全站失电。

故障前该变电站 110kV 进线一开关运行，进线二开关热备用，母联开关运行，变电站 110kV 备自投投入。110kV 电压互感器在线路侧，既作线路电压互感器又兼作母线电压互感器，电压互感器二次经各自的刀闸和开关位置进行切换后作为Ⅰ、Ⅱ母电压。在正常运行时，由于备用线开关处热备用状态，为保证备用段不失压，需将电压并列开关打至"自适应"即自动并列状态。

故障发生后，现场检查发现 110kV 备自投未动作，装置告警灯亮。查阅保护报告显示："16:11:22 装置告警，进线 1TV 断线"。检查备投装置定值、保护压板投入、交流采样及开入量均正确。检查电压并列装置发现Ⅱ母回路的电压切换插件有放电痕迹，插件损坏，使得电压切换继电器一直动作。

动作过程为：在进线一失电时，该变电站实际Ⅰ、Ⅱ母线无压，线路二带电，但因Ⅱ段电压互感器切换装置故障，电压切换继电器一直动作，导致Ⅱ母二次仍有电压，并通过电压并列回路，使得Ⅰ母二次也带电压。由于进线一失电后，Ⅰ母、Ⅱ母均有压，不满足备自投启动条件（Ⅰ母无压、Ⅱ母无压、进线一无流、进线二有压），因此，备自投没有合进线二开关，而是根据母线有电压，而进线一没有电压，判装置"进线 1TV 断线"，备自投未动作，造成全站失电。

暴露问题：

二次回路绝缘的日常检修不到位，常规检修过于注重保护装置本身，而忽视了二次回路的相关插件检查，未能及时发现电压切换插件中的缺陷，引起保护不正确动作。

防止对策：

（1）在检修中需加强对二次回路的检查，特别是内桥接线变电站在二次检修时，将电压切换等公共二次回路的检查、试验纳入检修内容。

（2）制造厂应加强产品质量管控，提高产品制造工艺。物资部门应完善物资后续管理措施，建立产品质量监督、评价、责任追究制度。

【案例 8】 ××公司 110kV ××变电站备自投装置电压引入接线错误，
造成备自投没有动作，变电站停电

专　　业：继电保护

事故类型：三误

110kV AB 变电站内桥接线，甲 A1901 线主供，乙 B1902 线备供，备自投投跳闸状态。甲 A1901、乙 B1902 线均为 220kV 甲乙变电站 110kV 馈线。

××月××日，甲 A1901 线发生永久性短路故障，甲 A1901 线保护动作，开关跳闸，重合失败，110kV AB 变电站备自投没有动作，导致变电站全停。

事故原因：110kV AB 变电站 110kV 备自投装置的线路电压回路接反，线路故障发生后，备供线路被判为线路无压，导致备自投放电后无法正确动作，变电站全站停电。

暴露问题：

（1）110kV AB 变电站 110kV 备自投装置建设竣工验收时，运维检修等验收组成员没有及时发现问题并纠正。

（2）110kV AB 变电站 110kV 备自投装置投产时，带负荷试验未能发现装置接线错误。

防止对策：

（1）加强运维检修人员培训，增强竣工验收责任意识。

（2）优化变电站启动投产试验方案。利用变电站新投产、还没有供电负荷的有利条件，通过实际出口跳闸的方式，检验电压电流回路接线正确性。

【案例 9】 ××电厂运行人员在 220kV ××设备检修工作结束后，未按要求
将继电保护装置恢复至正确状态，造成继电保护误动跳闸事故

专　　业：继电保护

事故类型：三误

6 月 19 日，××电厂 220kV ××分段开关在工作结束后，未将保护恢复至原状态（停用），造成 8 月 5 日附近其他低压线路故障时该分段开关保护误动作。

暴露问题：

电厂的运行人员对调度的继电保护运行管理规定理解不深刻。

防止对策：

（1）要求电厂加强一、二次设备检修工作管理，明确运行、保护人员的工作职责。

（2）加强运行、保护人员业务技能培训。

【案例10】 ××供电公司110kV××站主变压器低后备保护"闭锁备自投" 压板未投入，造成低后备保护动作后253自投误动作

专　　业：继电保护

事故类型：人员责任事故

8月19日00:19:45，××供电公司110kV ××站（智能变电站）因10kV TV烧毁造成3号主变压器203B低后备保护动作，3号变压器203B开关跳闸，随后253自投动作、后加速保护动作跳开253开关。经现场核实发现3号主变压器203B低后备保护"闭锁253备自投"软压板未投入，是造成母联253自投误动作的直接原因。

经核实××站验收及后续检修相关记录，发现该软压板未投入的原因为值班运行人员未按照规程投入3号主变压器203B低后备保护的"闭锁253备自投"软压板，造成3号主变压器203B低后备保护动作后未闭锁253备自投。

暴露问题：

（1）运行人员未严格按照现场运行规程对保护压板进行投退操作。

（2）新站投运时，运行人员未对站内设备和规程进行详尽学习，对设备运行情况掌握不足。

（3）巡视检查工作不到位，针对运行专业中"按周期检查、核对压板、手把"排查内容，管理人员和运行人员重视程度不够。

防止对策：

（1）新设备投运前，运行人员加强设备和规程学习，确保所有运行人员了解保护软、硬压板含义和投退要求。

（2）运行人员严格按照现场运行规程对现场的保护压板进行投退操作，确保各种保护压板的正确投入。

（3）运行人员应加强设备运行巡视管理，认真核对各种保护压板的投入状态。

【案例11】 ××开发公司违规作业造成省调调度自动化系统运行异常事件

专　　业：调度自动化

事故类型：AGC、AVC等应用功能失效，转发数据异常。

　　××年××月××日13:51，××开发公司技术人员在进行××电网新能源市场化调度辅助决策项目实施时，在SCADA值班服务器上违规进行实时数据库数据字典表在线下装，导致省调自动化系统自动发电控制（AGC）、自动电压控制（AVC）、状态估计、调度员潮流等在线应用功能失效，同时造成转发××分中心和国调的实时数据遥信全分、遥测变零。13:57，实时库下装完成，××省调本地应用功能恢复正常；14:00，转发数据完全恢复。

暴露问题：

　　（1）××省调项目管理不规范，专业职责分工不科学、不合理。项目团队既不熟悉自动化系统总体架构和平台技术原理，也不了解运行系统配置情况，缺乏应用功能组织建设和现场实施的基本能力。

　　（2）××省调自动化处履职不力，自动化系统安全运行责任意识淡薄，系统运行管理规定执行不到位，对应用功能上线投运、系统用户权限管理等关键风险点缺乏有效管控。

　　（3）××开发公司现场人员缺乏安全风险意识。在对平台配置情况不熟悉、技术要点不掌握的情况下，在运行系统上随意进行高风险操作。××开发公司在现场配置数据库表参数不合理，影响了系统异常及时恢复，事件发生后未及时组织技术人员协助分析。

防止对策：

　　（1）增强系统安全责任意识。调度自动化系统是调控机构开展电网运行控制业务最重要的技术支撑，各单位在组织实施自动化系统功能建设中，必须加强全员安全教育，严守安全生产底线，严防安全责任不明确。自动化专业要对自动化系统安全运行负全责。

　　（2）规范项目建设管理和分工。省调应结合本单位情况，制定和完善应用功能建设管理办法，科学合理组织各专业分工合作，发挥专业优势。管理办法要明确系统平台及应用功能建设的职责分工，规范需求分析、设计开发、测试和投运以及消缺和升级等环节的要求，明确自动化专业在系统平台及应用功能建设上的归口管理职责，做好技术方案审核和现场实施管控。

　　（3）实施运行系统定值化管理。对所有涉及用户权限、数据库表结构、数据存储与交换、服务消息总线、公共服务等系统基础核心软件，以及IP地址、网络路由等重要参数策略配置的变更都要实施定值化管理。严格按照编制、审核、实施流程执行，严禁在运行系统上进行开发调试。

【案例 12】 ××变电站站用电失电，引起 104-1 通道中断，暴露站端自动化设备供电电源问题

专　　业： 调度自动化

事故类型： 通道中断

　　××月××日 08:53，××220kV 变电站 1 号主变压器双套差动保护动作，主变压器三侧开关分闸，中低压侧自投保护动作，母联开关合闸。监控实时告警信息出现"后台补"信息及重复告警信息。主站查看通道告警发现，104-1 通道 08:54:02 中断，08:55:12 恢复，中断时间约 1 分 10 秒。通过 SOE 告警记录发现，"08:53:54.033 1 号 UPS 交流断电告警（SOE）"时间基本和 104-1 通道中断相吻合。结合实际工作中，路由器和交换机重启恢复业务时间大于 2 分钟，纵向加密装置重启业务恢复时间与通道中断时间相近。推断应为纵向加密装置故障。

　　查看告警中无蓄电池故障等影响直流装置供电的信息，结合该站 10kV-41 母线失电，所带 1 号站用变压器低压失电，推断纵向装置的供电方式可能存在异常。通过站内现场查看，发现 104-1 通道侧纵向加密装置双交流电源模块供电电源均来自通信交流电源屏，其中一路电源线的插头虚接，另一路电源为 10kV-41 失电母线所带的 1 号站用变压器。查看该纵向加密装置日志，重启记录时间与上述时间一致。

暴露问题：

（1）该站纵向加密装置电源接线未通过 UPS 供电，当站用电失电时，纵向加密装置断电，导致调度数据网网络中断。

（2）现场工作时，未严格履行自动化设备电源接入要求。

（3）自动化主站运维人员分析能力需进一步提升。

防止对策：

（1）责成相关单位开展调度数据网及安全防护设备电源接入排查整改工作。

（2）加强人员培训，编制典型案例，组织各单位组织学习。

【案例 13】 ××公司自动化主站系统数据库遥控配置错误，监控人员执行
遥控操作后导致非计划线路停电，给用户造成损失

专　　业： 调度自动化

事故类型： 监控信息误修改

　　××公司自动化主站人员在开展自动化系统维护工作时,由于人为原因误修改某 110kV 变电站的 10kV 线路遥控点号。××月××

日 08:30，101 线路执行计划检修操作，监控人员操作指令下发后该线路开关未动作，但另外一条用户专线 102 线动作，监控人员立即联系自动化运维值班人员和变电运维人员，要求立即核查该变电站遥控序号。08:40，自动化运维值班人员汇报"该变电站该开关遥控序号与监控信息表中遥控序号不一致"，并立即进行处理。09:15，变电运维人员现场进行正确性核对并汇报"监控后台遥控序号与监控信息表遥控序号一致"。监控人员立即下令，要求拉开 101 线开关，合上 102 线开关，并进行检修操作。该 102 专线为××制药厂的电源，药厂停电导致冷藏库的药品变质，流水线上产品变为次品，对药厂造成巨大损失，损失负荷约为 6MW，经济损失 10 余万元。

暴露问题：

（1）因人为过失原因违反《电力调度自动化系统运行管理规定》，误修改主站遥控点号。

（2）未按照调度控制管理规程在每年迎峰度夏前应开展全面的监控信息"三核对"工作。

（3）自动化专业人员安全意识不强，对发生遥控误动的风险认识不足，导致用户经济损失。

防止对策：

（1）全面提高员工规范操作意识及自动化参数定值化管理水平。

（2）严格执行调度控制管理规程中相关要求。

（3）提高员工的操作水平、增加相应的风险控制意识。

【案例 14】 500kV ××电厂通信机房—保护小室联络光缆破损缺陷，导致该条线路两套保护 4 条通道全部中断

专　　业：通信

事故类型：方式安排不合理

2018 年 9 月 14 日 16:26，××省通信调度接××省检调度通知，告知 500kV ××线路两套继电保护双通道均报通道异常，××省通信调度查看确认相关通信系统正常运行后，向上级通信调度汇报，上级通信调度告知二级通信网运行正常，由于 4 条通道均采用保护专用纤芯，初步分析原因可能为保护设备或保护专用光缆存在缺陷。

16:40，××省通信调度向调控中心立即通知××市供电公司信通公司抢修人员前往 500kV ××变电站配合 500kV ××电厂运维人员进行故障排查。

18:00，××市供电公司信通公司抢修人员到达 500kV ××变电站，在 500kV 保护小室内使用 OTDR 对承载保护业务的 8 根纤芯进行全程测试，测试距离均为 22.5km 左右；18:30，××市供电公司信通公司抢修人员判断 500kV ××变电站站内保护设备、站内联络光缆和线路光缆均运行正常，基本判断故障点在 500kV ××电厂站内，并向上级通信调度汇报。

21:05，××省信通公司抢修人员到达 500kV ××电厂配合处理故障。××省信通公司抢修人员在××电厂通信机房光配侧、××市供电公司信通人员在 500kV ××变电站保护小室保护设备侧分别使用光源、光功率计对中断业务所占用的纤芯进行全程测试，8 根保护纤芯实测衰耗均正常。21:30，判断为 500kV ××电厂站内"通信机房至 500kV 保护小室 1 号联络光缆"故障。

21:30，经上级通信调度许可，××省信通公司抢修人员、500kV ××电厂抢修人员、××省检修公司二次检修人员相互配合，逐步将 500kV ××电厂至 500kV ××变电站中断的两套双通道继电保护业务转移至 500kV ××电厂站内"通信机房至 500kV 保护小室 2 号联络光缆"上。

9 月 15 日 01:40，完成 500kV ××电厂至 500kV ××变电站的 4 条保护业务通道迁回工作，向上级通信调度汇报并确认保护业务全部恢复正常，××省信通公司抢修人员撤离现场。

暴露问题：

（1）通信电路运行方式不合理：500kV ××电厂至 500kV ××变电站两套继电保护业务的 4 条通道采用专用纤芯方式，并分别运行在同塔双回的两条 OPGW 光缆上，满足双路由要求，但在 500kV ××电厂站内通信机房至 500kV 保护小室段共缆，存在单点故障，是导致本次事故的主要原因。

（2）事后，500kV ××电厂运维人员对××电厂站内"通信机房至 500kV 保护小室 1 号联络光缆"沿线进行全面排查，发现自通信机房起 600m 处有明显的小动物啃咬痕迹，导致光缆运行中断，暴露出××电厂对所辖的电缆沟道运行方式优化管理不完善，防护措施不到位。

防止对策：

（1）督促××电厂对疑似故障点区域布置全面、有效的安防措施，防止小动物啃咬及其他外力破坏。

（2）指导××电厂开展站内光缆路由优化工作，要求沿不同的路由敷设通信机房至保护小室的联络光缆，确保相关线路保护通道满足国家电网有限公司"三双"要求。

（3）加强安全教育和培训，提高××电厂运维人员的安全意识。

（4）××电厂应制定完善的光缆运行维护管理规章制度，加大光缆巡检力度，严格落实运行维护管理责任。

【案例15】　　　××供电公司 220kV ××线 48 芯光缆中断故障

专　　　业：电力通信

事故类型：误操作

2019 年 2 月 28 日 12:27，××省通信调度 TMS 网管监控发现多套传输系统发生光路中断，经核实，中断的光路均承载在 220kV ××线 OPGW 光缆上。

10:45，××市供电公司通信调度申请"220kV ××线路改造"检修开工。××省通信调度回复需要于"国家电网有限公司××电视电话会议"保障结束后申请开工。

12:04，保障结束后由于 220kV A 线第一套保护存在异常，暂不能申请开工。××省通信调度将此情况告知××市供电公司，未批准开工。

12:27，××省通信调度 TMS 网管监控到多套传输系统光路异常，光路双侧收光 LOS，初步判断光缆中断。

受光路中断影响 220kV A 线第二套、220kV B 线第一套、220kV C 线第一套、200kV D 线第二套、220kV E 线第二套共 5 条继电保护通道中断。

其中 220kV A 线第一套继电保护已停用，导致 220kV A 线的两条继电保护通道全部停运。

14:10，××市供电公司反馈，220kV ××线 OPGW 光缆中断，因现场电力作业人员剪断该光缆。

14:30，经××省通信调度许可后，××市供电公司运维人员将受影响的 5 条继电保护通道倒换至迂回路径，继电保护通道临时恢复运行。

18:50，被剪断的 220kV ××线 OPGW 光缆熔接完毕，受影响的光路恢复正常运行，被中断的 5 条继电保护通道倒换至原方式运行。

暴露问题：

（1）现场管理不严格，不能作业的命令未能有效传达至作业人员。按照作业规定，光缆作业通信专业负责光缆熔接，电力专业负责光缆和接续盒的拆、挂。××省通信调度未准许作业的命令下达后，该命令已通知到通信作业人员和电力一次现场负责人，但不能作业的命令未能传达至现场全部作业人员，导致个别作业人员违章操作，造成 220kV ××线 OPGW 光缆中断。

（2）××省通信调度的命令执行不严格，《国家电网公司电力安全工作规程》已严格规定，在未得到许可的情况下，不能对现场进行任何操作。××省通信调度已下达不予开工的命令，现场作业人员依旧对 220kV ××线 OPGW 光缆进行操作，违反了《国家电网公司电力安全工作规程》要求，属于典型的管理性违章。

防止对策：

（1）加强现场作业管理。各单位在未得到任何准许开工的命令时，不得对现场做任何检修操作。在现场作业时要规范工作票管理。严格履行开工许可、工作票唱票、工作票全员签字的作业流程。严格现场人员管理，未在工作票上签字的作业人员不得进入施工现场。在没有工作负责人命令、没有安全监护人监管的情况下，不得操作或使用任何设备或设施。现场作业要提高安全作业自律性，确保作业安全。

（2）提高安全作业意识。各类作业人员要严格执行调度命令，听从调度安排。在未得到调度许可的情况下，要做施工前的准备工作，同时工作负责人、安全监护人要做好施工区域安全围栏设置、安全措施落实等安全防护工作。作业人员要严格按照操作流程和操作命令进行操作，严禁违反操作命令强行施工，杜绝违章操作。

（3）做好计划检修工作。做好相关检修的申报、审核工作，合理做好检修安排。在计划检修的周审核会上，要严格审核各类检修的业务影响。对于发现的业务问题，要及时调整和报告，确保检修期间不影响电力安全生产，不影响通信重要业务，不发生有人员责任的安全生产事件，有序开展计划检修工作。